AF369232

LECTURES CHOISIES

Ccangency. — Imp. F. Renou.

LECTURES CHOISIES

POUR LES CAMPAGNES

PAR

M. L. HALPHEN

Propriétaire au Castelier (Saint-Désir de Lisieux).

> La nature met les gerbes de blé
> au milieu des champs, comme
> un prix pour le vainqueur.
> XÉNOPHON.

PARIS

LIBRAIRIE AGRICOLE DE LA MAISON RUSTIQUE

26, RUE JACOB, 26

LECTURES CHOISIES

L'Agriculture.

L'agriculture a cet avantage au-dessus de tous les états de la société, qu'elle conserve la religion, les mœurs, la santé, attache les pères aux enfants et les enfants à leurs pères ; et tandis qu'une multitude de passions divise les hommes oisifs dans les villes, elle forme des citoyens toujours prêts à se dévouer pour leur patrie.

BERNARDIN DE SAINT-PIERRE,

La Terre.

On ne sait pas tout ce que peut produire la terre lorsqu'elle est bien traitée. C'est une mine d'un rapport incalculable; il ne faut que savoir l'exploiter; l'homme foule aux pieds tous les jours des trésors qu'il n'a pas besoin d'aller chercher au delà des mers. Une portion considérable de la société éprouve des besoins et vit dans les privations, et il ne faudrait que se baisser vers cette mère libérale, et l'aider dans son désir de produire, pour en faire sortir l'abondance et les jouissances. Avec les secours de l'homme bien dirigés, elle ne craindrait jamais une surcharge de population, et son sein nourrirait et entretiendrait dans l'aisance dix fois celle qui la couvre.

Puissent tous les regards se diriger vers elle, et toutes les protections, toutes les lumières y voir un digne et vaste champ où exercer leur puissance !

Le marquis DE LA BOISSERIE.

L'École.

Le dimanche matin, les enfants, sous la direction Wehrli, écrivaient sur un cahier spécial tout ce que la semaine avait fourni de remarquable. — Tantôt c'était le narré des travaux de la ferme, tantôt de petits événements agricoles, tantôt des observations sur la nature, tantôt des traits de morale. Ces cahiers présentaient toujours un grand fond de bon sens. Par là, leur raisonnement était sans cesse tenu en éveil. Aussi pourrait-on citer de ces enfants des réflexions qui font honneur à l'humanité, et que nos philosophes moralistes ne désavoueraient pas.

Voici un trait de nos enfants, dit Wehrli; nous étions occupés à sarcler un blé, et parmi les mauvaises herbes nous remarquâmes des bluets. L'un des enfants nous dit :

— Quand j'y pense, je vois qu'il en est des végétaux comme des hommes, c'est-à-dire qu'il y en a de bons et de mauvais. Au milieu des meilleurs hommes il y en a de méchants, tout comme il y a des plantes nuisibles au milieu des végétaux utiles. Parmi les hommes méchants, il y en a beaucoup qui ont une belle apparence : c'est tout de même avec les plantes. Voilà une fleur de bluet qui est si belle, qu'on ne la croirait pas ce qu'elle est, car c'est l'herbe la plus nuisible : mais nous l'extirpons, et Dieu extirpera les méchants.

ROYER.

(*L'Agriculture allemande.*)

La Charrue.

Qu'entend-on par une bonne charrue? Quelle est la meilleure charrue?

La meilleure charrue est celle qui donne le meilleur labour au prix de revient le moins élevé. Ainsi une bonne charrue doit satisfaire à ces deux conditions : labour bien fait, et dépenses de travail aussi faibles que possible.

Qu'entend-on par un labour bien fait? La perfection du labour ne dépend pas uniquement de la charrue, mais aussi du conducteur. Pour ce qui se rapporte à la charrue, la terre doit être remuée à une profondeur régulière; bien retournée, c'est-à-dire exposant à l'air la plus grande surface et mettant en saillie le plus grand volume; les herbes adventices doivent être aussi bien enterrées, afin qu'elles ne repoussent pas et se décomposent.

La régularité rectiligne de la raie, le placement régulier des raies à côté les unes des autres sont encore deux conditions essentielles d'un bon labour, mais dépendent de l'habileté du conducteur.

Pour qu'une charrue réunisse les conditions que nous venons d'indiquer, il faut qu'elle tranche nettement la terre dans la direction verticale par son *coutre* et dans la direction horizontale par son *soc;*

ce dernier doit avoir, dès lors, une largeur proportionnelle à celle de la raie à enlever. Le retournement parfait de la terre dépend de la forme du *versoir*; s'il vide bien la raie, la renverse suffisamment, si, d'un autre côté, le rapport entre la profondeur et la largeur de la raie est convenable, on aura un labour bien retourné. Avec un pareil labour, les herbes seront généralement bien enterrées; cependant, s'il y a beaucoup d'herbes à la surface du champ, elles ne seront pas toujours toutes cachées dans l'intervalle qui sépare deux raies.

Quant à la seconde condition d'une bonne charrue, condition qui consiste dans le prix de revient du labour, elle tient à deux causes : au tirage que présente la charrue et aux matériaux qu'on a employés pour la construire.

A formes exactement semblables, une charrue lourde exige un tirage plus fort qu'une charrue légère ; mais le surcroît de tirage produit est loin d'être en rapport avec l'augmentation de poids; aussi regarde-t-on comme avantageuse l'augmentation de poids, lorsqu'elle accroît la durée de l'instrument et diminue les dépenses d'entretien.

La seconde condition, qui diminue le prix de revient du travail de la charrue, réside dans la nature et le prix des matériaux employés à sa construction. On estime généralement beaucoup les charrues dont le prix d'achat est peu élevé ; c'est là, à notre avis, une fausse manière de raisonner. Ce n'est pas la charrue qui coûte le moins cher qu'on doit rechercher, mais celle dont les dépenses annuelles s'élèvent, pour un travail donné, au taux le moins élevé; or, celle-là est celle qui réunit à la solidité, à la durée, les matériaux les plus économiques.

L'instrument le plus simple est celui qu'il faut préférer; mais il faut se garder du bon marché, si ce bon marché est dû à une grande faiblesse dans toutes les parties de l'instrument, et nécessairement à une diminution de la matière employée; ce qui, au lieu d'être économique, sera désavantageux par les fréquentes réparations qu'on sera obligé de lui faire subir.

L.-A. LONDET.

(*Instruments agricoles.*)

Le Fumier.

Les cultivateurs, même les plus intelligents, se préoccupent bien plus de la production que de la conservation du fumier; cependant, en cette matière comme en beaucoup d'autres, conserver c'est produire. N'est-il pas, en effet, de la dernière évidence que si, par des soins convenables, on parvient à em-

pêcher qu'il se perde le quart, la moitié des agents
fertilisants sortis des étables, c'est, au point de vue
de l'économie des engrais, exactement comme si l'on
augmentait dans les mêmes proportions les animaux
de rente. En d'autres termes, c'est obtenir plus de
fumier de la même quantité de fourrage. En France,
et je puis même dire dans toute l'Europe, la négli-
gence qu'on apporte dans la conservation des engrais occasionne des pertes considérables, que ne
soupçonnent pas toujours ceux qui les supportent.
Ainsi, dans la plupart de nos villages, le fumier,
amoncelé dans les cours, dans les rues, reste exposé
à la pluie que déversent les toits des bâtiments, ou
bien il est jeté dans des trous d'une capacité insuf-
fisante, d'où les eaux débordent dans la saison plu-
vieuse, comme si, dans l'un ou l'autre cas, on se
proposait de le laver, afin de lui enlever la presque
totalité des principes immédiatement actifs. Ce n'est
pas seulement chez le paysan pauvre que l'on cons-
tate cet état de choses, d'autant plus fâcheux qu'il a
pour effet d'atténuer la fertilité du sol, en même
temps qu'il devient une cause réelle d'insalubrité en
portant l'infection dans les puits et les abreuvoirs.
D'importants domaines, ne laissant rien à désirer
sous le rapport des constructions, du choix du bétail, de l'excellence et de la variété des instruments
aratoires, manquent cependant encore des disposi-
tions nécessaires pour empêcher la déperdition du

purin et assurer au fumier l'humidité indispensable à une bonne confection.

BOUSSINGAULT.

(La Fosse à fumier.)

Préparation des fumiers.

M. Schattenmann, placé auprès d'une caserne d'artillerie, dispose du fumier de 200 chevaux. Sa fosse a 400 mètres carrés de surface; elle est divisée en deux parties de 200 mètres. C'est un plan incliné qui s'élève en avant et de droite et de gauche, de manière que les eaux se réunissent au milieu, où se trouve un réservoir muni d'une pompe pour ramener à volonté sur le fumier les eaux qui en découlent. A côté, il y a un puits muni également d'une pompe.

Les deux parties de la fosse sont alternativement garnies de fumier sortant des écuries. Il est entassé à 3 ou 4 mètres de hauteur sur toute la surface du carré, foulé par le pied des hommes qui l'apportent et l'étendent, et abondamment arrosé.

M. Schattenmann ajoute aux eaux du réservoir, ou répand sur le fumier une dissolution de sulfate de fer ou bien de l'acide sulfurique faible.

Par ces moyens simples et peu dispendieux, il obtient en deux ou trois mois un engrais parfaitement fait, aussi gras et aussi pâteux que le fumier des bêtes à cornes, et doué d'une grande énergie.

Discutons le procédé que nous venons de décrire. Le plan sur lequel le fumier repose est incliné, et l'inclinaison aboutit à un réservoir : excellente disposition, car si le plan était horizontal, les eaux stationneraient dans le fond du fumier, leur action y serait excessive, tandis que les parties supérieures seraient très-arides.

M. Schattenmann fait fouler aux pieds le fumier. Il a raison; en effet, comme le fumier de cheval est peu humide, ce tassement, outre qu'il ralentit la dessiccation, ralentit aussi la putréfaction générale, parce que l'air n'a pas un libre accès.

A l'aide d'une pompe, il arrose la masse du fumier, soit avec les eaux qui s'en sont séparées par égouttement, soit avec de l'eau prise à un puits. Cette pratique est très-rationnelle; car malgré le tassement, le fumier de cheval finit par entrer en fermentation violente et par dégager une grande quantité de chaleur.

Or, l'arrosage refroidit la masse, ralentit la fermentation, et empêche ainsi la dispersion des parties les plus énergiques.

Mais ce qui imprime au procédé de M. Schattenmann un cachet particulier de bon sens, c'est l'addition aux eaux du réservoir ou à la masse même du fumier, d'une certaine quantité de sulfate de fer ou d'acide sulfurique.

Par ces moyens, il fixe l'ammoniaque, qui se dégage des parties solides et liquides des fumiers ; sans cela, cette ammoniaque, transformée en carbonate, se volatiliscrait en pure perte pour l'agriculture.

MALAGUTI.
(*Leçons de chimie agricole.*)

Une maison de ferme saxonne.

Nous avons visité, près d'Altenbourg, l'exploitation d'un cultivateur paysan, le sieur Zacharie. En entrant dans la cour, nous crûmes être dans le domaine de quelque grand seigneur, à en juger par la propreté et l'ordre qui y régnaient.

Nous fûmes d'abord conduits sur une pelouse verte située à côté de la maison d'habitation, et plantée tout autour de beaux dahlias et d'arbres fruitiers des plus belles espèces. Au milieu se trouvait une longue table en noyer, sur laquelle il y avait bon nombre de tasses en porcelaine et huit plats de friandises sucrées, qu'on n'aurait pu mieux faire à Paris même. Vint ensuite le domestique de la maison, pour offrir du café.

Le maître nous montra ses écuries, où l'on ne

voyait pas les harnais suspendus à côté de la porte
et couverts de poussière et de boue ; il y a pour eux,
à côté de l'écurie, une chambre particulière où les
divers harnais, tant de labourage que de charrois et
de voiture, sont suspendus, ainsi que les selles et les
brides ; tous brillent de propreté, et sont rangés dans
le plus grand ordre. Toutes les écuries sont voûtées,
hautes, bien éclairées et aérées.

Cette ferme est bâtie tout en pierre ; on entre par
une grande porte cochère dans une cour très-spa-
cieuse ; au milieu est placé le fumier, entouré, sur
trois côtés, par un mur d'environ un mètre de hauteur. Entre ce mur et les bâtiments se trouve un
trottoir fait en dalles, de manière qu'on peut circuler tout autour des habitations, en toute saison,
sans se salir les pieds. Des conduits souterrains diri-
gent vers le fumier les eaux des écuries, celles de la
vaisselle de la cuisine. C'est par ces arrangements économiques que le paysan altenbourgeois sait tirer parti
de tout ; aussi ne voit-on pas un brin de paille ni la
moindre ordure traîner dans la cour : tout est soigneusement balayé et de suite jeté par-dessus le mur sur
le fumier. Au bas, du côté où il n'y a pas de mur, une
porte en lattes à claire-voie sert de clôture à la fosse ;
c'est là que les voitures arrivent pour charger le
fumier.

Ce Zacharie n'a jamais reçu d'autre éducation que
celle que reçoivent tous les écoliers des bonnes écoles

primaires de ce pays. Il est député de son district, aux États.

ROYER

(L'Agriculture allemande.)

La Plante.

La plante est un être vivant, ayant des organes au moyen desquels il se nourrit, respire, se développe et se reproduit sans pouvoir de lui-même changer de place.

Les organes de la plante sont les racines, la tige, les feuilles et les fleurs. Les branches sont de simples prolongements de la tige.

Les racines ont pour fonctions de puiser dans le sol et de fournir à la tige des substances dont la plante se nourrit et de servir de soutiens et d'attaches à celle-ci.

Le point d'appui des végétaux est, en général, la terre. Quelques plantes enfoncent leurs racines dans les fentes des murs et des rochers. Un petit nombre de plantes *aquatiques* laissent flotter leurs racines dans l'eau, et les plantes *parasites*, comme le gui des arbres, implantent les leurs dans la substance d'autres végétaux.

La tige est la partie de la plante qui sort de terre

et qui porte les feuilles et les fleurs. Elle se compose de vaisseaux destinés à préparer et à faire circuler la séve. La tige de l'arbre se nomme tronc; celle du blé chaume, etc.

Les feuilles absorbent de l'air, et, sous l'influence de la lumière, en conservent les éléments propres à perfectionner la séve, tandis qu'elles rejettent les parties inutiles.

La destination des fleurs est de produire les germes de nouvelles plantes semblables.

On appelle les racines, organes de la nutrition; la tige, organe de la circulation; les feuilles, organes de la respiration; et les fleurs, organes de la reproduction.

Les plantes se reproduisent de différentes manières, mais la plus naturelle comme la plus usitée pour les plantes agricoles, c'est la reproduction par graines. La reproduction par graines se fait sous l'action de la force naturelle du germe et l'influence de la chaleur, de l'humidité et de l'air. Le germe jette des racines et des feuilles naissantes. La graine nourrit la jeune plante jusqu'à ce que ses racines soient bien entrées dans le sol et sa tige sortie de terre.

Pour obtenir de belles plantes, il faut choisir pour semence les graines les plus parfaites, les plus mûres et les mieux conservées.

Il y a des graines, comme celles de la betterave, qui germent encore au bout de cinq ou six ans, mais il vaut mieux employer pour semence des graines provenant de la récolte précédente.

Quand, malgré toutes ces précautions, une plante perd tous les ans de ses qualités ou dégénère, il faut changer la semence en se procurant de la graine récoltée sur un terrain plus favorable à ce genre de plantes. Autant que possible, on doit préférer la graine provenant d'un climat pareil au nôtre et d'un terrain plus maigre, parce qu'un excès d'engrais affaiblit la force reproductrice.

L'accroissement ou développement des plantes s'opère au moyen des substances fournies par l'air et la terre végétale. Les racines aspirent avec l'eau à leur portée les matières organiques et minérales contenues dans le sol. Dans la tige, la force végétale, qui est la vie propre des plantes, change en séve ce mélange d'eau, de gaz et de substances diverses, et fait monter cette séve aux feuilles. C'est la séve *ascendante*. En arrivant aux feuilles, la séve est encore imparfaite et contient trop d'eau, elle y perd cet excès d'eau et complète sa constitution par des éléments qu'elle emprunte à l'air sous l'influence de la lumière. La séve, complétement élaborée, retourne vers les racines. C'est la séve *descendante*. Dans ce nouveau trajet, la séve devient bois, chaume, fleurs, fruits et graines nouvelles. Le développement successif de toutes les parties d'une plante se nomme *végétation*. La cause des phénomènes de la végétation nous est inconnue. C'est un des secrets de la nature par lesquels Dieu se rappelle sans cesse à l'homme, comme cause première et dernière raison de toutes choses. On donne à cette cause inconnue le nom de force végétale ou force de végétation.

La fin du développement des plantes, c'est la formation du fruit ou la fructification. Le fruit étant formé, les organes des plantes meurent ou cessent de fonctionner, selon que celles-ci sont annuelles, bisannuelles ou vivaces.

Une plante annuelle dure une année seulement; une plante bisannuelle vit deux ans, et une plante vivace végète pendant plusieurs années.

La fructification se fait par le *pollen* au moyen des *étamines* et du *pistil*. On appelle pistil un filet ordinairement placé au milieu de la fleur. Les étamines sont d'autres filets rangés autour du pistil. Le pollen est la poussière qui s'échappe des étamines pendant la floraison, et dont une partie pénètre dans le pistil. C'est le pollen qui produit le germe dans les graines, les pepins et les noyaux.

Le pistil et les étamines ne sont cependant pas toujours réunis dans la même fleur; il y a des plantes, comme le melon, où le pistil se trouve dans une fleur et les étamines dans une autre; il y en a d'autres, telles que le chanvre, où ils se trouvent sur des pieds différents. On devrait nommer chanvre femelle les pieds qui portent les pistils, et chanvre mâle les pieds dont les fleurs contiennent les étamines. Par erreur, on fait généralement le contraire.

La graine de toutes les plantes se compose de deux parties, de l'*amande* et du *germe*. Le germe est l'abrégé d'une nouvelle plante; l'amande, qui renferme le germe, est la première nourriture de la jeune plante.

Michel GREFF.

(*Catéchisme agricole.*)

Racines des plantes.

La racine est cette partie inférieure de la plante qui la fixe au sol, et y pompe, sous forme liquide, les substances variées qui doivent entrer dans la composition de ses organes. Quant à la forme, elle varie suivant les classes de plantes, et souvent même suivant les espèces. On conçoit d'avance que sa structure correspond à l'organisation des parties aériennes (tige, feuilles, fleurs) variable elle-même dans les divers groupes des végétaux.

La ligne de démarcation entre la racine et la tige n'est pas toujours facile à fixer, l'une passant insensiblement dans l'autre, au moins dans la plupart des végétaux. Dans tous les cas on donne à cette ligne de démarcation le nom de *collet* ou *nœud vital*. Tout ce qui est situé au-dessous est censé appartenir à la racine; tout ce qui est au-dessus fait partie de la tige. Le collet est donc la limite d'où partent les deux systèmes ascendants et descendants pour s'accroître en sens inverse l'un de l'autre. Tantôt le collet reste au-dessous de la surface du sol, tantôt au contraire il se place au-dessus, suivant le mode de germination des plantes.

Puisque les racines sont des organes d'absorption, on conçoit qu'elles tendent à accroître leur surface absorbante dans la mesure du développement de la plante dont elles font partie. Ne pouvant pas s'aplatir en lamelles comme les feuilles, et forcées de conserver des formes cylindriques, afin de percer le sol ou de pénétrer dans ses anfractuosités, elles y suppléent en se ramifiant ou en se multipliant d'une manière presque indéfinie. Cette division de la racine se fait d'après deux types principaux, qui caractérisent d'une manière générale deux grandes classes de plantes. Dans un cas elle représente un arbre renversé, dont la tige se divise en branches et en rameaux de plus en plus menus ; dans l'autre elle est toute composée de radicelles de même calibre, plus ou moins nombreuses, se ramifiant peu ou point et partant toutes du collet de la plante, ou plutôt de la partie inférieure de la tige, qui alors se termine brusquement.

Dans le premier cas la *racine* est dite *pivotante ;* dans le second on lui donne le nom de *racine fasci-*

culée ou *fibreuse*. La betterave, la carotte de nos jardins, les arbres de nos bois et une multitude d'autres végétaux nous offrent des exemples de racines pivotantes ; le blé, le maïs, le poireau, le lis, toutes les espèces de palmiers, etc., sont au contraire pourvus de racines fasciculées.

DECAISNE ET NAUDIN.
(Manuel de l'Amateur des Jardins.)

Culture des plantes potagères.

La culture des plantes potagères comprend la récolte des graines, la préparation du sol, les semis, les repiquages, et toute une série d'opérations dont chacune exige des soins plus attentifs et plus minutieux que ceux qu'il est possible d'accorder aux plantes traitées en grande culture. C'est par ces soins assidus que l'homme est parvenu à porter à un très-haut degré de perfection les légumes, qui jouent un si grand rôle dans son alimentation.

Pour se former une idée exacte de la persévérance qu'il a fallu apporter dans ce travail de transformation des végétaux, il suffit de considérer l'asperge, la carotte, le chou, la chicorée, le céleri, la mâche, l'oseille, le panais, qui existent dans notre pays à l'état sauvage, et qu'on peut considérer comme types des races des mêmes végétaux que nous cultivons aujourd'hui. Mais si la culture des plantes potagères demande à l'homme une plus forte somme de travail que beaucoup d'autres cultures, elle lui offre de précieuses ressources au point de vue de l'hygiène, et le plus ordinairement un profit pécuniaire considérable : on ne saurait trop engager les habitants des campagnes à lui accorder dans leurs occupations habituelles une plus large part que celle qu'ils sont dans l'usage de lui consacrer.

COURTOIS-GÉRARD.

(De la culture maraichère dans les petits jardins.)

On pense que les fruits, légumes et racines entrent peut-être pour un tiers dans la consommation alimentaire de Paris, ce qui permettrait de dire qu'ils entrent pour moitié dans l'alimentation générale de la France. Améliorer leur production, c'est donc opérer sur des denrées dont la valeur en argent se chiffre par des milliards.　　　　H. D.

La haie.

J'ai observé dans mes voyages que les forêts sont les remparts naturels des campagnes ; elles conservent de la fraîcheur aux cultures ; elles les abritent du vent froid et elles y réfléchissent la chaleur du soleil : aussi vous voyez que sans avoir de serre, nous avons souvent des primeurs. Je veux embellir ce lieu pour vous, tous les jours de ma vie.

Je planterai au nord de la maison un lierre qui grimpera sur l'escalier et viendra entourer vos fenêtres de son feuillage. Les oiseaux d'hiver, que vous aimez parce qu'ils sont malheureux, viendront s'y réfugier; vous y entendrez chanter votre ami le rouge-gorge.

Je planterai, de l'autre côté au midi, une vigne qui formera un berceau au-dessus de la porte; j'y élèverai au-dessous un banc de gazon: nos enfants s'y reposeront un jour, et s'y entretiendront de nous lorsque nous ne serons plus.

Sur la faîtière du toit, je mettrai des oignons d'Iris dont la fleur vous plaît; sa couleur qui imite celle de l'arc-en-ciel, ses feuilles, en lames d'un beau vert de mer, accompagneront bien les longues marbrures de mousse qui se détachent, comme des lisières de velours vert, sur le chaume fauve de la couverture.

Je pourrais bien entourer cette possession d'un mur, mais je préfère une haie vive. Chaque année dégrade un mur et fortifie une haie; chaque année, un mur consomme des pierres et une haie produit du bois.

D'ailleurs, une haie est une décoration. Les riches la bannissent de leurs jardins parce qu'elle coûte peu; ils lui préfèrent une charmille taillée comme une muraille; mais il me semble qu'il y a autant de différence d'une charmille toute nue à une haie chargée de fleurs et de fruits, qu'il y en a entre une étoffe unie et une étoffe magnifiquement brodée. Une belle haie présente seule le spectacle d'un beau jardin. Voyez ces pruniers sauvages dont les fruits naissants sont semblables à des olives. Ces sureaux voisins parfument l'air de bouquets de fleurs en ombelles ; ces houx opposent leur vert lustré et leurs grains écarlates aux nuages blancs des fleurs de l'aubépine ; l'églantier jette çà et là ses guirlandes de roses, relevées d'un vert tendre. La ronce même n'est pas sans beauté ; elle accroche d'un arbrisseau à l'autre ses longs sarments garnis de girandoles couleur de chair, et là se coule autour des troncs des arbres de la forêt qui sont renfermés dans la haie, et qui s'élèvent de distance en distance, comme autant de colonnes qui la fortifient. Mille petits oiseaux trouvent à la fois de la nourriture et des abris sous ces différents feuillages. Chaque espèce a son étage : en bas sont les merles et les fauvettes ; plus haut les rossignols, et au faîte de ces vieux ormes, nous entendons murmurer la tourterelle et nous voyons voltiger la grive qui y bâtit son nid. La nature a jeté, depuis le sommet de la forêt jusque sur ces gazons, des rideaux de toutes sortes de verdure et de fleurs, pour mettre les nids des oiseaux à l'abri.

Nos mères en faisaient autant lorsqu'elles couvraient d'un voile de taffetas vert, ourlé de leur main, le berceau de leurs enfants.

BERNARDIN DE SAINT-PIERRE.

2

Nos amis et nos ennemis en agriculture.

L'homme est un singulier soldat: il passe une moitié de sa vie à lutter contre les divers fléaux qui sont ses ennemis naturels, et le reste du temps à tirer sur les alliés que la nature lui donne. Ce n'est pas méchanceté pure, parti pris de faire le mal pour le mal; non, c'est simplement qu'il ne sait pas.

Nos paysans, qui se croient éclairés, crucifient des chouettes et des chauves-souris sur la porte de leurs granges: « C'est pour l'exemple, disent-ils; le supplice public de quelques scélérats à poil ou à plumes doit forcément intimider les autres. »

Tandis que ces cadavres innocents se putréfient au profit des mouches charbonneuses, les souris mangent le grain de l'ingénieux paysan, les moucherons lui piquent les mains et la figure. Eh! bonhomme, tu n'as que ce que tu mérites. En immolant tes alliés, tu t'es livré, corps et biens, à tes ennemis. Si ces chauves-souris étaient vivantes, elles happeraient les moucherons qui t'incommodent; si tu n'avais pas assassiné cette pauvre chouette, elle purgerait ton grenier des rongeurs qui le pillent. Un cultivateur attentif a suivi patiemment les allées et venues d'une chouette, sa voisine; il l'a vue, en vingt et un jours, rapporter cent dix rongeurs à son nid. Que t'en semble ? Comprends-tu maintenant le sens intime du mot chat-huant ? Les chats à quatre pieds que tu nourris te rendent-ils autant de services qu'un chat-huant qui se nourrit lui-même ? La chouette, si stupidement décriée, vit aux dépens des souris.

Les corbeaux et la pie mangent les vers blancs du hanneton ; le coucou a aussi son mérite : il attaque, lui seul, les grosses chenilles venimeuses qui font peur à tous les autres oiseaux ; l'étourneau vit d'escargots et de sauterelles ; la grive dévore les gros vers mous et les limaces ; le merle perce à coups de bec les coquilles des plus gros limaçons et la carapace des cerfs-volants les plus terribles ; le bruant avale les guêpes comme des pilules ; le moineau dîne et déjeune de hannetons au printemps ; la huppe dévore les horribles courtilières.

Le pivert ne frappe pas du bec contre les arbres pour les détruire, mais pour y chercher les cossus et les scolytes qui les détruisent. Le rouge-gorge se nourrit de moucherons et de tipules ; le roitelet, de vers et de cousins ; le loriot, de sauterelles ; le linot, de pyrales ; le grimpereau de cloportes ; la fauvette, de pucerons ; le bouvreuil, d'œstres et de chenilles processionnaires ; le bec croisé, de cloportes et de cantharides ; le bec-figue, de criquets ; la bergeronnette, de charançons.

Connaissez-vous un enseignement plus pittoresque

que celui-ci? Dans une cage élégante et vaste, où logerait un groupe de tourterelles, on placerait à leur portée deux petites mangeoires d'égale contenance, dont l'une serait remplie de graines que nous mangeons nous-mêmes, et l'autre des semences inutiles ou nuisibles qui étouffent nos récoltes et empoisonnent nos champs. Le public verrait par ses yeux que les petites tourterelles préfèrent la mauvaise à la bonne, et qu'elles se nourrissent bien plutôt à notre profit qu'à nos dépens.

Un peu plus loin, deux chardonnerets passeraient leur journée à dévorer la graine de chardon, cette implacable ennemie de nos cultures.

La taupe est notre alliée la plus utile contre l'odieux hanneton, qui nous mange plus de 100 millions, année commune.

Le moineau ne s'attaque qu'à l'insecte parfait, qui vit peu de jours et détruit seulement les feuilles et les fleurs.

C'est à l'état de larve ou de ver blanc que le hanneton commet ses plus grands crimes. Il mine le sous-sol en tous sens et tue les plantes par la racine. On a vu des jardins périr, des forêts se dépeupler par le travail invisible du ver blanc.

Les corbeaux, les corneilles, les pies, qui vont sautillant derrière le laboureur, saisissent tous les vers blancs que la charrue a découverts; mais ces respectables oiseaux ne peuvent les chercher sous terre. La taupe, qui a le sous-sol pour lieu naturel et qui s'y meut avec autant d'aisance que le poisson dans l'eau, la taupe, dirigée par un odorat qui supplée pour elle à la vue, est un insatiable destructeur. Elle est le fléau d'un fléau : cela devrait nous la rendre chère. Elle a d'autres mérites encore : elle draine les sols les plus imperméables ; elle amène à la surface, sous forme de taupinières, des quantités de terrain ameubli, divisé, qu'un simple râtelage éparpille utilement sur les prairies. Le paysan, le jardinier ne voient rien, sinon que la taupe dérange quelques semis, accidente la surface polie d'une pelouse ou d'un pré, dévie quelques irrigations. Un stupide et obstiné préjugé l'accuse de dévorer les racines, quoiqu'elle soit décidément, manifestement, exclusivement carnassière, ce qu'il serait facile de démontrer.

Creusez, dans un coin du jardin réservé, une cuve maçonnée d'un mètre cube ; enfermez-y une taupe, jetez-y autour d'elle, tous les matins, une profusion de fruits, de fleurs, d'herbes et de racines diverses, avec un cent de vers blancs, le public verra par ses yeux que tous les végétaux seront intacts à la fin de la journée, et que tous les vers blancs seront détruits.

Pendant que vous y êtes, et que le sentiment du bien vous talonne, enfermez un crapaud, un gros crapaud laid, difforme, dégoûtant, pustuleux, fait pour inspirer le dégoût à tous les hommes (et c'est le grand nombre) qui s'arrêtent à la surface des choses. Jetez autour de lui des insectes, des larves, des limaces. Nous le verrons à l'œuvre; les plus ignares et les plus têtus d'entre nous seront contraints d'avouer que le pauvre animal, si indignement traité partout où il se montre, est un utile et précieux destructeur. Peut-être enfin comprendront-ils le langage éloquent de ses beaux yeux si clairs, si fins, si doux, qui semblent dire : « La laideur n'est pourtant pas un crime. Laissez vivre un pauvre déshérité qui n'est au monde que pour vous servir. »

Déjà les peuples s'accordent unanimement à respecter les saintes hirondelles; déjà la Prusse inflige une contribution de trente francs par an au dilettante qui détient un rossignol en cage; déjà tous nos préfets publient des arrêtés mal obéis, mais formels, au profit des petits oiseaux ; mais il y a plus et mieux à faire.

Ed. About.

Menu des perdrix.

Il est démontré que les perdrix font une grande consommation de larves d'insectes, entre autres des larves du charençon de la betterave et des tipules.

On rencontre dans leur estomac beaucoup de vers nuisibles. Leur menu, suivant un Anglais, serait réglé comme ceci :

Janvier, février. — Baies, feuilles, graines.

Mars, avril. — Insectes, graines, vers, mollusques.

Mai. — Insectes, graines, feuilles.

Juin. — Insectes, graines, baies.

Juillet. — Insectes, graines, blé.

Aout. — Insectes, blé, feuilles vertes.

Septembre. — Blés, baies, insectes.

Octobre. — Baies, blé, graines.

Novembre et décembre. — Baies, graines, vers.

Les perdrix sont friandes des limbes verts du froment qui lève et en mangent beaucoup. Vers la fin de la saison de la chasse, ce mets communique à leur chair une saveur particulière et agréable; mais on ne peut pas dire qu'elles fassent par là beaucoup de mal aux récoltes.

Th. L.
(*Quaterly Review.*)

Le gros Bétail.

La supériorité de l'agriculture anglaise sur la nôtre n'est pas tout à fait aussi grande pour le gros bétail que pour l'espèce ovine : elle est cependant encore sensible.

Le nombre des bêtes à cornes que possède la France est évalué à 10 millions de têtes ; le Royaume-Uni en nourrit environ 8 millions, c'est-à-dire un peu moins ; mais si la quantité absolue est inférieure, la quantité proportionnelle ne l'est pas. Sur ce nombre, l'Angleterre et le pays de Galles comptent pour 5 millions de têtes, l'Écosse pour 1, l'Irlande pour 2, c'est-à-dire que l'Angleterre a une tête sur trois hectares, l'Écosse, une sur huit, l'Irlande, une sur quatre ; en France, la moyenne est d'une tête sur cinq hectares. On voit que la moyenne de la France n'est supérieure qu'à celle de l'Écosse, dont le sol fait exception ; nous sommes au-dessous de l'Irlande elle-même, et assez loin de l'Angleterre. Voilà pour le nombre ; quant à la qualité, notre désavantage est plus grand.

L'homme peut demander à la race bovine, indépendamment de son fumier, de son cuir et de ses abats, trois sortes de produits : son travail, son lait et sa viande. De ces trois produits, le moins lucratif est le premier, et nous retrouvons ici une distinction tout à fait analogue à celle que nous avons faite pour les moutons. Pendant que l'agriculteur français demandait surtout au bétail à cornes du travail, l'agriculteur britannique lui demandait surtout du lait et de la viande. Cette seconde distinction a amené des différences presque aussi marquées que la première.

Voyons d'abord les produits du lait dans les deux pays. La France possède 4 millions de vaches en état de porter, et le Royaume-Uni 3 millions; mais les trois quarts des vaches françaises ne sont pas laitières, et presque toutes les vaches anglaises le sont. Les exigences du travail qui demande des races fortes et dures, se concilient difficilement avec le tempérament favorable à l'abondante production du lait. La mauvaise nourriture, le défaut de soins, l'absence de toutes précautions dans le choix des reproducteurs, et peut-être aussi, dans l'extrême midi, la sécheresse et la chaleur du climat achèvent ce que le travail a commencé. Dans les parties de la France où l'attention des éleveurs a été portée, par des circonstances locales, sur la production du lait, des résultats comparables, et souvent supérieurs à ceux qu'on obtient en Angleterre, montrent que nous sommes en général placés, pour cette industrie, dans d'aussi bonnes conditions que nos voisins; mais si nos races laitières valent autant, et quelquefois plus que les leurs, elles ne sont pas aussi répandues.

Il n'y a en Angleterre aucune espèce de vaches qui dépasse sensiblement nos vaches flamandes, nos normandes, nos bretonnes, pour la quantité et la qualité du lait, ainsi que pour la proportion du rendement en lait à la quantité de nourriture consommée. Quant aux produits de la laiterie, si les fromages anglais sont en général supérieurs aux nôtres, le beurre français est au-dessus du beurre anglais ; il n'y a rien en Angleterre de comparable aux bonnes qualités de beurre que produisent la Bretagne et la Normandie. Malgré ces avantages incontestables, le produit total des vaches anglaises en lait, beurre et fromage, dépasse de beaucoup le produit des vaches françaises, bien que celles-ci soient plus nombreuses et, sur certains points, aussi bonnes ou même meilleures laitières. C'est la généralité d'une pratique qui peut seule donner de grands résultats en agriculture, et l'entretien d'une ou plusieurs vaches laitières est une pratique universelle en Angleterre.

La race laitière, par excellence, de l'empire britannique est originaire de ces îles de la Manche, fragments détachés de notre Normandie. On la désigne généralement sous le nom de l'île d'Alderney, qu'on appelle, en français, Aurigny.

Les précautions les plus minutieuses sont prises pour maintenir la pureté de cette race, qui n'est, au bout du compte, qu'une variété des nôtres. Les îles de la Manche produisent beaucoup de génisses vendues pour l'Angleterre, et fort recherchées, par les gens riches, pour leurs laiteries de campagne. Quiconque a fait le voyage de Jersey a pu admirer ces jolies bêtes, à l'air si intelligent et si doux, qui peuplent les pâturages de cette île, et qui font partie de la famille chez tous les cultivateurs. Naturellement bonnes, sans doute, les soins affectueux dont elles sont l'objet n'ont pas peu contribué à les rendre si productives. Les habitants de Jersey en sont fiers et jaloux comme d'un trésor unique au monde.

Léonce de Lavergne.

(Essai sur l'économie rurale de l'Angleterre.)

Les Insectes.

Dans nos forêts et dans nos champs, le passage des insectes laisse souvent de déplorables traces. Leurs légions s'abattent sur certains végétaux, en nombre effrayant. Le pin, à lui seul, sert de refuge à plus de quatre cents espèces, dont la plupart lui sont nuisibles ; et on assure que le chêne donne l'hospitalité à plus de deux cents animaux, qui sont liés à lui par leur existence parasitaire.

En un court laps de temps, quelques phalènes, papillons aux ailes veloutées, et dont le vol nocturne semble si inoffensif, ravagent cependant les plus magnifiques forêts de conifères ; et plus rapides que la cognée du bûcheron, ouvrent d'amples clairières au milieu de leurs sombres ombrages.

Dans quelques régions de l'Europe, une petite mouche jaune, bariolée de noir, le chlorops lineata, épouvante l'agriculteur en s'attaquant aux céréales. A elle seule, en Suède, elle détruit quelquefois plus du cinquième des récoltes d'orge, ce qui équivaut au moins à cent mille tonnes (100 millions de kilogrammes). Dans la France centrale, cet insecte ronge parfois la moitié des épis des champs.

Un autre, le dacus de l'olivier, nous gaspille annuellement pour trois millions d'olives. Enfin, un papillon, la pyrale, fait le désespoir des contrées vinicoles, et celles-ci, depuis longtemps, implorent en vain les secours de la science.

Lorsque les arbres, attaqués corps à corps par les insectes, ne succombent point sous leur dent, ils en sont quittes pour de singulières difformités.

La piqûre d'un insecte extrêmement petit, le puceron laniger, que l'œil perdrait sur les branches s'il n'était enveloppé d'une botte de laine blanche, couvre nos pommiers de nombreuses exostoses; et souvent celles-ci finissent par les tuer. . . . .

. . . .

Chez les insectes, la ténuité des ressorts est miraculeuse. Une simple comparaison va le démontrer.

Lorsque nous imprimons un mouvement d'élévation à nos bras et que subitement nous les ramenons vers notre corps, une seconde suffit à peine pour exécuter cet acte. Eh bien! pendant ce court laps de temps, certains insectes font battre leurs ailes plusieurs centaines de fois!

Dans l'espace d'une seconde, un cousin, prétend-on, donne cinq cents coups d'aile.

On va encore plus loin. On affirme que les battements de la mouche commune s'élèvent à six cents par seconde dans le vol ordinaire, lorsque, pendant cette seconde, celle-ci franchit un espace de six pieds. Pour le vol rapide, ce nombre serait six fois plus grand; c'est-à-dire qu'en une seconde, ou pendant le temps que nous mettons à exécuter un seul mouvement d'un de nos membres, la mouche peut en opérer trois mille six cents.....

Après cela, ne nous étonnons plus de l'agilité qu'offrent certains papillons, tels que le sphinx, lorsqu'ils butinent les fleurs de nos jardins.

. . . .

. . . .

L'insecte surpasse l'homme en force. Un homme de force moyenne n'écarte qu'avec peine un poids de vingt kilogrammes placé horizontalement. Pesant lui-même 70 à 75 kilogrammes, il n'ébranle donc, durant cet acte, que des masses dont le poids n'atteint pas même le tiers de celui de son corps. Si l'on soumet un taupe-grillon (courtilière) à la même épreuve, les résultats sont tout à fait extraordinaires; lui qui ne pèse que 4 grammes, il écarte avec ses deux larges mains un poids de 1 kilogr. et demi, c'est-à-dire qu'il déploie une force qui le surpasse trois cent soixante-quinze fois en pesanteur!

F. A. POUCHET.
(L'Univers.)

3

Vaches laitières du Bessin.

BEURRE D'ISIGNY

Toutes les vaches qui fournissent le beurre du Bessin appartiennent à la race cotentine, qui possede de précieuses qualités, mais qui n'est pas toujours l'objet d'une sélection suffisante, surtout parmi les mâles.

Dans les vacheries des bonnes exploitations, on veille à ce qu'il y ait toujours des vaches récemment vêlées (*renouvelées*) ; ce qui permet d'avoir à peu près la même quantité de lait, et par suite de fabriquer la même quantité de beurre toute l'année. On les laisse dehors autant que possible, si le temps n'est pas trop rigoureux ; et pendant les gelées, l'hiver, on leur porte des fourrages secs dans l'herbage, plutôt que de les rentrer à l'étable.

Quelque soin que l'on apporte à la tenue d'une étable, le beurre des vaches qu'elle renferme est toujours inférieur à celui des mêmes animaux vivant en liberté dans les herbages.

On estime, dans le pays, qu'il faut de 25 à 28 litres de lait pour fabriquer 1 kilogr. de beurre, et que la production annuelle est alors, pour une vache, de 125 à 150 kilogr. de beurre. En estimant chaque kilogramme à 3 fr., et il y a une forte portion qui est vendue de 4 à 5 fr., on voit que le produit d'une vache exploitée pour le beurre s'élève à plus de 400 fr. par an. Ces 400 fr. doivent être considérés comme un bénéfice net, car le lait qui sert à élever des veaux, des cochons, représente, avec le fumier fourni par l'animal, l'équivalent des frais de soins et de nourriture.

Si la propreté, les soins assidus exercent une grande influence sur la qualité du beurre, il est notoire que la nature du sol, son exposition et le choix des aliments contribuent également à la supériorité ou à la médiocrité de cette denrée.

Ainsi la betterave, et surtout la pulpe de distillerie occasionnent un développement de lait considérable, mais, en général, ce lait est peu riche en beurre ; il en est de même de la pomme de terre. Le panais, trop peu cultivé, et la carotte fournissent, au contraire, un lait riche en beurre. Le sainfoin est une excellente plante fourragère. La meilleure nourriture est *l'herbe*, dont les fermiers intelligents font des réserves pour l'hiver, afin d'avoir un beurre de choix.

Quant au sol, on pense, dans le Bessin, que les vaches nourries dans les pays marécageux donnent un lait moins riche en crème que celles qui paissent dans des contrées moins humides, et que leur beurre est plus susceptible de *se graisser ;* — que les grosses terres sont favorables à la production de la crème ; que le sol calcaire donne en général un beurre délicat et fin ; — que les herbages exposés au midi donnent, à égalité de nature d'herbe, le beurre le plus savoureux.

MORIÈRE.

(De l'industrie beurrière dans le département du Calvados.)

Accroissement de la famille porcine.

On peut admettre qu'en une année deux truies bien choisies peuvent élever dix jeunes chacune, desquels nous supposerons que moitié sont femelles : dès lors la progression de la progéniture serait ainsi :

La 1re année, il y a, mâles et femelles	20
De ce nombre, nous retranchons les mâles	10
Il reste comme éleveuses	10
A la 2e année, nous pouvons comme précédemment supposer le même produit pour chaque truie	10
Ce qui donne une centaine d'individus mâles et femelles	100

Qui laissent conséquemment comme
portières pour la 3ᵉ année   50
  A dix jeunes chaque   10

Produisant   500

Portières pour la 4ᵉ année   250
A dix chaque   10

    2,500

Produisant   2,500
Mères pour la 5ᵉ année   1,250
A dix chaque   12,500
Nourrices pour la 6ᵉ année   6,250

A dix chaque   10

    62,500

Mères pour la 7ᵉ année   31,250
A dix chaque   10

    312,500

Nourrices pour la 8ᵉ année   156,250
A dix chaque   10

    1,562,500

Mères pour la 9ᵉ année   781,250
A dix chaque   10

    7,812,500

Nourrices pour la 10ᵉ année   3,906,250

A dix chaque   -   10

39,062,500

Tel serait l'accroissement de la famille porcine. De plus, on pourrait, sans empêcher cette progression, manger ou vendre la première année 10 mâles; la seconde, 50; la troisième, 250; la quatrième, 1,250; la cinquième, 6,250, puis 31,250; 156,250; 781,250; 3,906,250; et enfin, la dixième année, 19,531,250. C'est peut-être un calcul exagéré, mais il a l'avantage de montrer avec quelle rapidité les porcs soigneusement élevés propageraient leur espèce; si ces animaux n'atteignaient pas le chiffre précédent, au moins multipliraient-ils à très-peu près, suivant la loi précédente; ce qui donne une idée de l'importance du perfectionnement apporté à l'élevage et à l'entretien de la race porcine, et de l'intérêt que peut avoir un pays à l'encourager.

(Traduit de l'anglais.)

Le Mouton mérinos.

Le mérinos est un mouton de race espagnole introduite en France et renommée pour la finesse et la beauté de sa laine. Cette race bien que supérieure à celles que nous possédons, n'est pas encore propagée partout à cause de certains préjugés qui ont retardé sa propagation. On a prétendu d'abord que la chair du mérinos n'était pas aussi bonne, et cela parce que les bouchers, qui voulaient avoir ces animaux à meilleur marché, en avaient répandu le bruit; ensuite, on a prétendu qu'ils étaient plus difficiles à nourrir et à élever. Or, depuis longtemps, on mange dans toutes les grandes villes des mérinos purs et métis, sans que la viande de mouton ait rien perdu de sa réputation; les bouchers, au contraire, la vendent pour la meilleure et la préfèrent même, parce que, à volume égal, elle pèse ordinairement plus que celle des autres races. Quant à la difficulté d'élever les mérinos, il est bien reconnu maintenant que partout où l'on soigne convenablement les bêtes à laine, les mérinos réussissent parfaitement, bien qu'ils mangent les mêmes fourrages; et ils n'exigent pas plus de soins. Dans les pays où les bêtes à laine sont mal soignées, où tous les ans il en périt un grand nombre, faute d'un régime convenable, et où l'on ne conserve les troupeaux que pour avoir du fumier, les mérinos ne réussissent pas et périssent sans doute aussi bien que les bêtes du pays, sans donner plus de profit. Maintenant, si l'on remarque que partout les mérinos sont mieux soignés, c'est qu'en général il n'y en a que sur les exploitations les mieux tenues ; d'un autre côté, c'est qu'en les soignant mieux, on a moins de maladies, moins de perte, plus de laine sur les animaux ; il y a, par conséquent, beaucoup de profit à les mieux soigner. La même chose arrive avec les troupeaux d'autres races, où les dépenses dans les soins d'entretien rentrent toujours au triple et au quadruple par les produits meilleurs et plus abondants.

Il est juste d'ajouter que la non réussite de quelques personnes dans l'élève des mérinos en a, dès le début, retardé la propagation.

Ces personnes, placées dans des pays où l'éducation des bêtes à laine était mauvaise, n'ont point réussi, faute d'avoir des bergers intelligents et actifs qui voulussent se donner un peu plus de peine pour soigner une race nouvelle, qui exige toujours quelques changements dans la manière dont on élève et conduit les bêtes du pays, quand cette manière est mauvaise.

Les autres, placées dans des endroits où les marchands de laine fine n'avaient point coutume de venir, n'ont pas trouvé d'abord le débit avantageux qu'elles espéraient de leur laine, et se sont dégoûtées d'élever ces animaux. Les autres, enfin, ont été trompées par des spéculations mal entendues, et par des espérances non réalisées de profits extraordinaires, qu'on ne peut attendre que rarement d'entreprises agricoles.

On a bien fait cependant, dans les endroits où la laine fine ne s'est pas vendue plus cher que la laine grossière, de continuer à élever des mérinos, si la laine fine ne s'est pas vendue plus cher, elle ne s'est pas non plus vendue meilleur marché. Un moment est venu où la laine mérinos a été mieux appréciée; enfin, les mérinos donnent par tête plus de laine que les autres races.

Il n'est pas nécessaire, si on veut se livrer à l'élève du mérinos, d'acheter de suite un troupeau; il suffit d'avoir deux béliers et quelques brebis pour renouveler ces béliers, afin d'en avoir toujours de race pure à donner aux brebis déjà métisées. Si l'on cesse de se servir de béliers purs, l'amélioration de la race s'arrête d'abord et bientôt après rétrograde. D'ailleurs, en ayant quelques brebis de race pure, on conserve leur production précieusement en réformant les métis les moins bons; petit à petit, on a un troupeau de mérinos purs à la place de celui qu'on avait d'abord.

3.

Presque partout, il sera bon de remplacer la race du pays par des mérinos, particulièrement dans les exploitations où les moutons sont bien tenus et où la vente de la laine forme le revenu principal du troupeau. Il en sera de même pour toutes les exploitations qu'on voudra améliorer et où on voudra tenir des brebis. Cependant, dans quelques endroits marécageux où les pâturages sont grossiers, il est plus avantageux d'élever de grandes races de bêtes à laine qui s'accroissent rapidement, qui donnent deux agneaux à chaque portée, et qui sont destinées à la boucherie. Et encore leur croisement avec de grands mérinos a-t-il, dans quelques endroits, donné des produits qui avaient les mêmes qualités par rapport à la chair, et dont la laine était beaucoup plus abondante et plus belle; mais ce sont des essais à renouveler.

La raison majeure qui doit engager le cultivateur à élever des moutons mérinos, est que les marchands de laine cesseront d'aller chercher celle des pays où la qualité est trop inférieure, et les agriculteurs perdront ainsi par leur faute un produit d'autant plus précieux, que l'élève des bêtes à laine se lie avec les systèmes de bonne agriculture, et que, dans certain cas, il ne pourra pas être remplacé par l'élève d'autres animaux.

Il n'est pas nécessaire de faire de grandes dépenses en constructions de bergerie pour les moutons mérinos. En général, ces animaux payent plus que ceux des autres races les dépensès que l'on fait pour eux; mais toute bergerie spacieuse, sèche et bien aérée est tout ce qu'il leur faut.

La beauté de la laine, c'est-à-dire sa finesse, son élasticité, son moelleux et principalement son égalité, c'est-à-dire sa même finesse sur toutes les parties du corps, voilà ce que l'on doit rechercher particulièrement dans le mérinos. Les formes importent moins, l'essentiel est que les moutons se portent bien.

Les grandes bêtes donnent plus de laine que les petites, mais elles mangent plus et on en a moins. Il y a donc compensation. La belle et bonne qualité de la laine est seule à considérer.

DAUBENTON.

Le Berger.

L'âge du berger n'importe pas beaucoup; il faut seulement qu'il soit assez fort pour transporter les claies du parc, et assez raisonnable pour s'occuper de ses devoirs au lieu de jouer avec ses camarades.

Un berger instruit et soigneux, qui gouverne un grand troupeau, est occupé presque continuellement à le bien conduire pendant le jour, à le bien parquer pendant la nuit, à le nourrir dans la mauvaise saison et le tenir proprement, à traiter ses maladies. Aussi a-t-il de bons gages dans les pays où l'on a soin des bêtes à laine; il est bien payé lorsqu'il sait son métier et qu'il l'exerce soigneusement.

Il faut savoir plus de choses pour le métier de berger que pour la plupart des autres emplois de la campagne. Un bon berger doit connaître la meilleure manière de loger son troupeau, de le nourrir, de l'abreuver, de le faire pâturer, de le traiter dans ses maladies, de l'améliorer et de faire le lavage et la tonte de la laine. Il doit savoir conduire son troupeau et le faire parquer, élever ses chiens, les gouverner et écarter le loup.

On reconnaît qu'un jeune homme peut faire un bon berger, s'il entend et s'il retient ce qu'on lui a dit; s'il est soigneux et patient, s'il n'a aucune infirmité qui l'empêche de marcher et de rester debout pendant longtemps.

Le berger doit être assez bien vêtu pour rester toute la journée dans la campagne sans souffrir beaucoup du froid, et pour s'exposer pendant très-longtemps à la pluie sans être mouillé jusqu'à la peau. Il doit avoir une houlette, un fouet, un grattoir, un couteau, une lancette et de l'onguent pour la gale.

Parfois le berger a les pieds, les mains ou quelque autre partie du corps engourdie par le froid. Il doit prendre alors de grandes précautions pour empêcher la gangrène, qui pourrait survenir à ces parties : elle fait des progrès rapides. La partie refroidie pâlit et rougit, avec une forte démangeaison ; ensuite elle devient pourpre et noire. Alors elle ne tarde pas à se détacher et à tomber. Pour empêcher cette gangrène, il faut couvrir ou frotter la partie gelée avec de la neige, ou mettre dessus des linges trempés dans l'eau la plus froide ; ensuite on frotte cette partie avec des linges pour la réchauffer ; enfin on peut la plonger dans l'eau dégourdie, ou l'en bassiner ; mais il ne faut pas l'approcher du feu.

La houlette est un bâton de 1^m,60 à 1^m,90 de hauteur, ayant au-dessus un fer qui a la forme d'une petite bêche, et au-dessous un crochet recourbé en haut. On peut mettre le crochet à côté du fer plat, et alors il doit être recourbé en bas. Le fer plat de la houlette sert à lancer de la terre après les moutons qui s'écartent du troupeau, pour les y faire retourner. Le crochet sert à saisir les moutons en les accrochant et en les arrêtant par une des jambes de derrière. Le berger doit avoir aussi un petit couteau qui se ferme sur son manche. Le bout du manche, étant à plat et aigu, fait un grattoir ; la lame, étant pointue et tranchante des deux côtés près de la pointe, sert de lancette par le tranchant opposé à celui du couteau.

Quelques bergers, comme les charlatans, promettent de guérir les troupeaux par des paroles ou des moyens extraordinaires; il faut les tenir pour de malhonnêtes gens qui veulent tromper ou se faire craindre, ou comme des gens crédules, simples et bêtes, qui croient pouvoir faire plus qu'il n'est possible. Lorsqu'on a un troupeau languissant ou malade, au lieu de sé décourager en croyant que ce mal est l'effet d'un sort jeté sur ce troupeau ou dans la bergerie, au lieu de recourir à des gens qui promettraient de le guérir par des paroles et d'être leur dupe, il faut redoubler ses soins et tâcher de guérir le mal par de bonnes nourritures ou de bons remèdes.

DAUBENTON.

Le Chien de berger.

Après l'éléphant, le chien paraî être celui des animaux domestiques qui soit le plus susceptible de relations avec l'homme. C'est aussi celui dont les connaissances s'étendent le plus par son commerce avec nous. Suivant les différents usages auxquels on emploie le chien, on voit son intelligence faire des progrès de deux espèces. Les uns sont dûs à l'instruction qu'on lui donne, c'est-à-dire aux habitudes qu'on lui fait prendre par l'alternative de la douleur et du plaisir. Les autres doivent s'attribuer à l'expérience propre de l'animal, c'est-à-dire aux réflexions qu'il fait de lui-même sur les faits qu'il remarque et les sensations qu'il éprouve. Mais les uns et les autres se font toujours en proportion des besoins et de l'intérêt qui le forcent à l'attention.

Le chien de basse-cour, presque toujours à l'attache, chargé seulement de la fonction d'aboyer les inconnus, reste dans un état de stupidité qui serait à peu près le même dans tout autre animal dont l'intelligence n'aurait pas plus d'exercice. Le chien de berger, continuellement occupé d'un office qu'excite la voix de son maître, montre beaucoup plus d'esprit et de discernement. Tous les faits relatifs à son objet s'établissent dans sa mémoire. Il en résulte pour lui un ensemble de connaissances qui le guident dans le détail et qui modifient ses actions et ses mouvements. Si le troupeau passe auprès d'un lbé, vous verrez le vigilant gardien rassembler sa troupe, l'écarter du grain qui doit être ménagé, avoir l'œil sur ceux qui voudraient enfreindre la défense, imposer aux téméraires par des mouvements qui les épouvantent et châtier les obstinés auxquels l'avertissement ne suffit pas. Si l'on ne reconnaît pas que la réflexion seule peut être l'origine de cette variété de mouvements faits avec discernement, c'est-à-dire en raison des circonstances, ils deviennent tout à fait inexplicables. Car si le chien n'apprenait pas de son maître à distinguer le grain d'avec la pâture ordinaire du troupeau, s'il ne savait pas que ce grain ne doit pas être mangé, s'il ignorait que la vivacité de ses mouvements doit être proportionnée à la disposition des moutons qui composent le troupeau, sa conduite n'aurait pas de motif.

GEORGES LEROY.

(*Lettres sur les animaux*.)

Le Drainage.

Pendant longtemps on a cherché à remédier, en France, à l'excès d'humidité de certaines terres arables, qui nuit aux opérations culturales, à la végétation et à la fructification des plantes, parce qu'il résulte d'une faible profondeur de la couche arable qui repose sur un sous-sol glaiseux. Mais les moyens qu'on possédait alors pour faire disparaître cette cause permanente de stérilité n'ont pas toujours été acceptés par les agriculteurs à cause de leur imperfection ou des dépenses considérables qu'ils occasionnaient. Ainsi, on avait recours, pour pratiquer ce desséchement, à la culture des terres en billons, aux fossés superficiels d'écoulement, aux puits perdus et aux boit-tout. On avait bien, il est vrai, tenté de diminuer l'excès des eaux dans le sol en pratiquant des labours profonds à l'aide de la charrue-taupe ou de celle à sous-sol ; mais ces opérations n'asséchaient qu'imparfaitement la couche arable, et souvent, lorsqu'une partie de la couche inférieure était ramenée à la superficie, elle amoindrissait sensiblement la fertilité de la terre arable. Quant aux fossés couverts, aux rigoles souterraines que les Romains pratiquaient avec un si grand succès, ils étaient si dispendieux que leur emploi devenait pour ainsi dire impossible sur de grandes étendues.

Ce sont les dépenses élevées que ces fossés occasionnent, ainsi que la lenteur avec laquelle on les confectionnait, qui ont conduit les Anglais, il y a bientôt un demi-siècle, à remplacer les pierres, les bois, les fascines, etc., qui servaient à garnir le fond des tranchées, par des tuiles plates et creuses, et plus tard par des tuyaux cylindriques, Cette substitution des tuyaux aux tuiles donna lieu, en Angleterre, à une véritable rénovation agricole, et le parlement ne tarda pas à accorder des centaines de millions d'encouragement à ce nouveau genre d'assèchement, que l'on désigna depuis, dans toute l'Europe, sous le nom de *drainage*, mot qui appartient désormais à la langue française. Il dérive du mot anglais *drain*, qui signifie *dessécher, faire écouler*.

Cette opération avait trop de retentissement, les progrès qu'elle constatait étaient trop évidents pour qu'elle n'éveillât pas en France l'attention des agriculteurs. On fit en effet, en 1846, l'application de ce nouveau moyen d'assainissement à Forges, près Montereau, et le succès qu'on en obtint engagea baucoup de propriétaires à répéter cette heureuse tentative. Le gouvernement ne voulut pas rester étranger à ces essais. S'inspirant des ordonnances et des édits rendus par Henri IV et Louis XIV en faveur des desséchements, il accorda de nombreux encouragements, soit aux comices agricoles et aux sociétés d'agriculture, soit à divers cultivateurs. Ces encouragements ont eu de féconds résultats, et il est permis de dire que le drainage, cette opération agricole si importante, qui est appelée à répandre dans toutes les contrées humides la fertilité, l'abondance et la vie, appartient désormais au domaine de l'agriculture.

Les résultats qu'on obtient à l'aide du drainage sont multiples. Il débarrasse le sol des eaux stagnantes; il le fait pénétrer par l'air, qui enlève les miasmes nuisibles, et dont l'action développe les principes fertilisants restés jusqu'alors inertes; il le rend plus friable et susceptible d'être labouré plus tôt, plus tard, plus souvent, plus aisément et à moins de frais; il offre une plus grande somme de surface pénétrable à l'action bienfaisante de la chaleur et de la rosée; il finit par augmenter l'épaisseur de la couche arable en entamant l'impénétrabilité du sous-sol; il avance la maturité des récoltes; enfin, à l'accroissement de la fertilité, qui naît de toutes ces modifications, il ajoute la salubrité pour les hommes, pour les animaux, pour les plantes.

Le drainage est l'une des plus grandes améliorations que l'agriculture puisse entreprendre. Il aura pour résultat de créer, dans un grand nombre de contrées, des produits meilleurs et plus abondants, et de diriger l'agriculture dans une voie de progrès réels. Ainsi se réaliseront ces paroles de Vauban :

« Nous ferons de la France le plus beau et le meilleur pays du monde, non pas en y élevant des citadelles, mais en y joignant l'arrosement et le desséchement du sol. »

G. Heuzé,
(L'Année agricole.)

Chaulage des terres.

En France, c'est dans la Normandie qu'il faut chercher le plus ancien usage de la chaux. Couronné de succès sur le plus grand nombre de points, il fut proscrit par les baux à ferme sur d'autres où il avait donné lieu à quelques abus, mais on y revient maintenant dans ces lieux mêmes ; il est vrai que c'est en prenant la précaution de l'employer à l'état de compost, de sorte que, sur une grande partie des plateaux argilo-siliceux de ce pays, on fait maintenant usage de chaux ou de marne. Depuis l'emploi des composts, propriétaires et cultivateurs sont convaincus de l'utilité et de l'innocuité de la chaux, et on a renoncé dans les baux aux clauses qui en interdisaient l'usage. On est même arrivé à stipuler, dans certains baux, que le fermier devra, dans le cours du bail en donner à tout le sol une quantité minimum déterminée. On rapporte que dans les environs de Vire, un cultivateur, ayant pris à ferme un domaine voisin du sien, avait, pendant quinze années, porté tout l'engrais des deux domaines sur son propre terrain et réduit le domaine affermé à des chaulages. Ce dernier a produit beaucoup, et produit encore autant que le domaine engraissé : il se loue aussi cher que les bonnes terres de la commune, et on continue de lui appliquer le même système avec succès.

A. PUVIS.

(Traité des Amendements.)

Le Wellingtonia.

Un beau jour, à Londres, dans le palais de Sydenham, ou vit debout, et touchant au sommet de la grande nef, un morceau de ces arbres mammouth, dont le diamètre n'offrait pas moins de trente mètres de circonférence. On l'avait creusé à la base, et trois cents enfants tenaient à l'aise dans sa cavité intérieure.

Restait à dénommer la plante.

Un Anglais l'avait découverte, il était juste de la dédier à l'un des grands noms de l'Angleterre, et la nouvelle conquête s'appela Wellingtonia.

Mais voici bien une autre affaire: « Un Anglais l'a découverte, il est vrai, disent les Américains, mais sur le sol du Nouveau-Monde. A nous appartient l'honneur de la dédicace. » Un nom nouveau est trouvé sans retard, et l'arbre, dédié à la mémoire du grand Washington, fut nommé Washingtonia.

Tout allait pour le mieux. Tout d'un coup, il se trouve que la plante n'est pas nouvelle. Un botaniste français, à son tour, la fait entrer dans un genre déjà connu, et lui impose le nom de *Sequoia gigantea*. La docte Faculté, par la voix du savant académicien,

Sur tous deux étendant la patte en même temps,
Met les plaideurs d'accord en croquant l'un et l'autre.

Ces petites scènes de priorité et de suprématie en matière de nomenclature ne sont pas rares en horticulture ; elles embrouillent un peu les mémoires, sans doute, mais elles n'enlèvent rien au mérite des végétaux, lorsqu'ils en ont un réel, et le *Sequoia gigantea*, Wellingtonia ou Washingtonia n'en restera pas moins l'une des plus riches introductions végétales de notre siècle.

ANDRÉ.
(*Mouvement horticole.*)

Assolement d'une grande ferme allemande.

Pour les terres de Sahlis on suit la rotation suivante :

Sole 1. Pâture à moutons, semée.
— 2. Colza fortement fumé.
— 3. Froment d'hiver.
— 4. Pois.
— 5. Seigle.
— 6. Pommes de terre fumées.
— 7. Orge.
— 8. Trèfle pour faucher.
— 9. Seigle d'hiver faiblement fumé.

Sole 10. Avoine.
— 11. Jachère cultivée, fumée.
— 12. Céréales d'hiver.
— 13. Orge.
— 14. Trèfle pour faucher.
— 15. Céréales d'hiver, faiblement fumées.
— 16. Avoiue.

Les avantages de cette succession de culture sont surtout les suivants : chaque production a sa place déterminée dans l'ordre qui lui convient le mieux ; avec le concours du trèfle, auquel la nature du sol est très-favorable, la rotation produit, pour le nombreux bétail, toute la nourriture verte nécessaire ; les quantités de paille et de fumier qu'elle donne sont également suffisantes ; les travaux sont, comparativement avec ceux de la culture triennale suivie précédemment, beaucoup mieux répartis sur toute l'année, et plusieurs récoltes ont augmenté parce que celles qui les précèdent immédiatement laissent le sol en meilleur état.

Les cultures qui fournissent des pailles sont aussi développées que possible, parce que l'expérience a démontré que c'étaient celles qui, le colza excepté, donnaient le produit le plus élevé. Le colza occupe la seizième partie du domaine ; c'est le rapport qui a paru le plus convenable. Les pois sont cultivés plus pour leur paille que pour leur grain. L'étendue

plantée en pommes de terre suffit. Le trèfle réus-
sit au delà de toute expression ; avec ce que l'on en
cultive, le bétail est nourri exclusivement jusqu'à la
fin de septembre. Pendant les mois de juin et de
juillet, les chevaux eux-mêmes ne reçoivent que la
moitié de leur ration en foin; le reste leur est donné
en trèfle. Cette nourriture peut même être donnée
aux moutons jusqu'au pâturage sur les chaumes de
céréales ; et cependant la récolte emmagasinée du
trèfle s'élève encore à 300 et jusqu'à 800 quintaux
par an. La jachère cultivée de la onzième sole porte
des pommes de terre, du lin, des légumineuses,
des turneps et des choux. Après les choux, on
remplace la céréale d'hiver par un froment de printemps.

Cette rotation a encore l'immense avantage d'offrir
une transition facile, et sans perte sensible, à ceux
qui suivent la culture triennale ; de plus, elle laisse,
par son élasticité, le cultivateur libre de profiter des
circonstances commerciales ou atmosphériques qui
peuvent survenir, et de modifier ses produits en con-
séquence ; elle offre enfin tous les bénéfices d'une
culture libre, sans laisser redouter les inconvénients
inséparables d'une marche aventureuse et désor-
donnée.   ROYER.

(L'Agriculture allemande.)

Choix des plantes à cultiver.

On accorde aux Chinois assez d'habileté pour ne cultiver dans un sol donné que les plantes qui peuvent particulièrement y réussir. Cependant, ce peut bien être aussi le manque d'engrais qui guide ce peuple industrieux dans le choix des plantes à cultiver. Avec surabondance d'engrais, on peut opérer des prodiges et faire sortir d'un sable aride de riches récoltes de froment, de même que dans le monde, avec beaucoup d'argent et sans autre mérite réel, on peut faire beaucoup de choses. Mais ordinairement une masse inépuisable de fumier n'est pas plus à notre disposition qu'une riche mine d'or. La science de l'économie rurale n'est pas plus dans la prodigalité que dans l'avarice : elle consiste à faire beaucoup avec peu. Combien de gens sont fiers d'obtenir des asperges ou des choux-fleurs là où ne devraient croître que des choux communs ou des topinambours. D'autres transportent sur un seul champ toute leur provision de fumier, et se vantent de la riche récolte de colza qu'ils y obtiennent. De tels agriculteurs ressemblent à ces riches qui, en dépit du climat et des saisons, élèvent dans leurs serres les productions du Midi, et parviennent à couvrir en hiver leur table des fruits de l'été. Mais toutes ces belles choses n'appartiennent pas à la véritable agri-culture.

A force de travail et de frais, on peut faire bien des choses en dépit de la nature, mais rarement avec avantage. Suivre autant qne possible la marche de la nature et des circonstances, et ne vouloir la maîtriser que le moins possible, c'est ce que j'appelle voguer avec le vent, et suivre, pour arriver, le plus sûr, le plus facile et le plus court chemin.

SCHWERZ.
(*Manuel de l'agriculteur commençant.*)

Le Jardinier.

C'est chose rare qu'un jardinier habile en son art ; la plupart ont plus de routine que de science, plus d'entêtement que de raison, et plus de sotte présomption que d'esprit ; ils se persuadent tout savoir, et ne savent bien souvent que très-peu de choses.

Ce n'est pas à dire pour cela qu'il n'y en ait pas qui entendent leur métier, et qui, fondés sur une expérience de longue main, ne réussissent très-bien dans le jardinage. Les uns sont versés dans le pota-ger, les autres s'appliquent aux pépinières, aux arbres fruitiers, aux arbrisseaux ou aux fleurs.

Nous ne voulons parler que de ces deux derniers.

Un jardinier fleuriste doit avoir en partage un certain génie propre à la culture des fleurs, sans quoi le peu de talents qu'il peut avoir d'ailleurs sont de peu d'importance. Il ne doit point donner dans l'excès du vin : il est rare qu'un ivrogne excelle dans son art. Il doit être matineux, assidu à son travail, vigilant et soigneux de son ministère; habile à distinguer, à cultiver à propos et à disposer les fleurs, robuste de corps, instruit d'un peu d'architecture, propre dans sa besogne, inventif, jaloux d'être bien pourvu d'outils, habitué à satisfaire les personnes qui lui demandent à voir les fleurs de son jardin, et de peur qu'on n'y porte une main indiscrète, il devrait inscrire sur la porte ce précepte :

« Ici les fleurs, mieux que les plus beaux vers, ont gravé un printemps éternel; que ton œil seul les cueille et ta main les respecte. »

Quand on parle ici de jardinier fleuriste, on entend ceux qui se plaisent à cultiver ces productions de la nature aussi bien pour leur plaisir que pour s'en faire une profession et y gagner de quoi vivre.

Liger.

(Le Jardinier fleuriste.)

Le jardin de l'ouvrier.

Je veux aujourd'hui, ne vous parlant que des jardins, m'efforcer de vous les faire aimer ; car l'horticulture est un art utile qu'il faut mettre à la portée de tout le monde, et qui doit être, pour la classe ouvrière en particulier, un précieux élément de progrès et de bien-être.

Si le château a son parc, si le manoir et la ferme ont leur jardin, il faut que l'ouvrier, lui aussi, ait son petit enclos : qu'avec les légumes qui servent à l'alimentation domestique, il puisse cultiver quelques fleurs ; que des plantes grimpantes tapissent sa maison, mêlées aux espaliers chargés de fruits. Heureux le travailleur qui, sa tâche faite, après une journée passée à l'usine, peut se reposer, le soir, dans un asile champêtre !

Henri IV voulait que chacun de ses sujets, artisan ou laboureur, pût mettre la poule au pot le dimanche ; ce rêve philanthropique du roi populaire est bien près d'être réalisé ; mais les conditions de la vie de l'ouvrier ayant changé, de nouveaux besoins ont surgi.

Anciennement, les ouvriers de nos principales industries étaient répartis dans les campagnes ; ils joignaient le plus souvent aux travaux de leur art ceux de la terre. Leur sort était le sort commun à tous les enfants du pays. Le travail les faisait vivre — péniblement, — c'est la loi de l'humanité; mais ce travail s'exerçait au grand air des champs et par groupes d'ouvriers toujours peu nombreux.

Les machines sont venues, et les choses ont changé.

La classe ouvrière n'a pas pu conserver son action isolée; il a fallu la concentrer dans de vastes ateliers pour profiter plus utilement des forces nouvelles de la mécanique. On a construit les ateliers dans les villes, ou bien, quand on les installait à la campagne, des villes nouvelles s'élevaient autour d'eux. L'ouvrier est devenu citadin; son salaire s'est élevé, mais ses charges ont grandi; il a fait son petit budget, et, n'ayant rien à retrancher de son pain quotidien, parce qu'il n'a jamais rien à retrancher de ses forces, il a réduit son toit, s'abritant dans l'espace le plus mesuré, prenant de l'air s'il en arrivait et du soleil s'il en pouvait passer. Or, si philosophes et si résignés que nous soyons, le milieu qui nous environne se réfléchit toujours quelque peu dans notre âme, et, quand tout respire la misère autour de nous, notre esprit se laisse facilement aller à ployer sous la peine!

Aussi quel est l'homme généreux qui ne voudrait voir chaque ouvrier propriétaire d'une petite maison, aérée, confortable? Cette demeure serait simple, mais éclairée par le soleil de tous, aux murs toujours blancs, renvoyant partout la lumière, aux vitres claires permettant de voir le ciel des humains. Un jardin serait auprès, plein de fleurs et de fruits. L'ouvrier passerait avec bonheur ses jours de repos dans ce modeste et gai logis; il consacrerait ses loisirs à embellir cette maison où ses enfants seraient nés, et où il leur apprendrait à devenir des hommes.

L'ouvrier revenant de l'atelier ou de l'usine, n'est pas trop fatigué pour faire un peu de jardinage. Ce travail, au contraire, le délasse. Il bêche, plante ou taille. Ici, il émonde une branche parasite; là, il gourmande une branche engourdie. Toute la famille suit avec amour les progrès d'un pommier vigoureux; on craint les gelées tardives, le vent du Nord, les coups de soleil, émotions douces et honnêtes qui ont remplacé la fièvre du jeu et l'excitation de la débauche.

La mère cultive quelques plantes dont elle connaît les vertus culinaires ou curatives. L'été, on dîne sous la tonnelle. Les enfants jouent sur l'herbe; ils y enfoncent jusqu'aux genoux. La pervenche entoure la haie et lui fait sa guirlande. Auprès de la fontaine se plaît le myosotis; plus loin fleurit la véronique. La petite prairie est pleine de fleurs. On la tond quelquefois pour nourrir un lapin.　　L. Halphen.

(Discours sur l'Horticulture.)

Les Poules.

Une véritable mode, à laquelle personne ne se soustrait, c'est d'avoir des poules. Celle-là est si amusante, le plaisir est si direct, l'œuf que l'enfant est allé chercher dans le poulailler est si frais, la poule qui l'a pondu est si privée et vient si gentiment prendre aux marches de la porte la mie de pain que la maîtresse du logis lui offre dans sa main ; le coq est si beau, si majestueux, si prévenant pour ses poules, et, à côté de l'énorme coq Brahma, ce Bantam argenté est si délicieusement coquet, ses formes sont si ravissantes, son air est si comique quand il prétend défendre sa microscopique moitié, son plumage est si riche, si distingué ; enfin, les soins à donner à l'installation de ces charmantes bêtes font passer le temps si rapidement, qu'on ne pense plus à s'ennuyer de vivre.

La gaieté, le mouvement sont venus animer la or nnacguère déserte ; on envoie des œufs précieux à ses amis ; on fait des essais, des croisements ; enfin on s'amuse et l'on est utile.

Les poules présentent cette particularité, qu'elles ont une grande importance dans la consommation, en même temps qu'elles forment un des ornements les plus gais, les plus vivants des habitations.

Les amateurs de poules s'étaient jusqu'à présent bornés à l'élève des races curieuses dites de volière ou d'agrément. Aujourd'hui ce goût s'est développé, comme en Angleterre, au point de vue du rapport, et l'on a droit d'espérer, à l'engouement qui se manifeste pour les animaux de basse-cour, qu'ils seront bientôt améliorés dans les nombreux départements où la quantité et la qualité sont absolument en désaccord avec les besoins.

Ch.-Jacque.
(*Le Poulailler.*)

L'Éclosion.

Le jour de l'éclosion il faut montrer une grande résolution et une grande présence d'esprit. Il faut arriver au couvoir avec calme, et surtout à la même heure que d'habitude. La grande affaire est de ne pas aller voir, ni la veille au soir, ni le jour même avant l'heure, si les poussins sont éclos. On a beau entendre ces petits cris réjouissants qui décèlent de nouveaux petits êtres vivants, il faut refréner sa curiosité et ne pas aller déranger la poule.

On est toujours tenté, surtout dans les premiers

temps qu'on s'occupe d'élevage, d'aller soulever la poule, de prendre et remettre incessamment les poussins, de regarder les œufs, etc.; mais il faut être bien persuadé que la plupart des nombreux accidents qui surviennent dans les éclosions n'ont pas d'autres causes qu'une curiosité et des soins intempestifs.

Quand donc l'heure a sonné, on prend la première poule, en ayant soin de lui ouvrir préalablement les ailes, attendu qu'il arrive qu'elle y place des poussins et souvent même des œufs. On l'enlève doucement, et l'on aperçoit une partie des petits poussins éclos avec leurs coquilles ouvertes près d'eux. La poule est immédiatement envoyée à la mue aux repas. On fait ainsi pour toutes les suivantes, après avoir eu soin de remettre les morceaux de laine sur les œufs et les poussins.

Ch. Jacque.
(Le Poulailler.)

Le Renard.

Le renard a les mêmes besoins que le loup, et la même inclination pour la rapine : il a les sens aussi fins, plus d'agilité et de souplesse ; mais la force lui manque ; et il est contraint de la remplacer par l'adresse, la ruse et la patience. Un des premiers effets de l'industrie, par laquelle il est supérieur au loup, c'est de se creuser un terrier qui le met à l'abri des injures de l'air et lui sert en même temps de retraite. Pour s'épargner de la peine, il s'empare ordinairement de ceux qu'habitent les lapins ; il les en chasse et s'y établit. Lorsque quelque raison le détermine à changer de pays, son premier soin est d'aller visiter tous les terriers dont la position peut lui convenir, surtout ceux qui ont été anciennement habités par des renards. Il les nettoie successivement, et ce n'est qu'après les avoir tous parcourus qu'il se fixe à la fin ; mais s'il est troublé, même légèrement, dans celui qu'il a choisi, il en change bientôt, et il ne souffre pas que l'inquiétude approche du lieu qu'il destine à sa demeure. Le renard ainsi établi parcourt en peu de temps tous les entours de son terrier à une assez grande distance ; il prend connaissance des villages, des hameaux, des maisons isolées, et il évente les volailles ; il s'assure des cours où l'on entend des chiens et du mouvement, et de celles où le repos règne ; il reconnaît les haies et les lieux couverts qui pourraient, en cas de péril, favoriser son évasion. Cet attirail de précautions, tant de possibilités prévues, supposent nécessairement beaucoup de faits déjà connus : toujours guidé, dans sa marche, par une défiance raisonnée, il se laisse rarement emporter à l'ardeur de poursuivre une proie qui fuit ; il arrive près d'elle en se traînant, et s'en saisit en sautant légèrement dessus. Lorsqu'il est bien assuré que la tranquillité règne dans une basse-cour où il a éventé des volailles, il tâche d'y pénétrer, et son agilité naturelle lui en donne aisément les moyens. Alors, s'il n'est point troublé, il en profite pour multiplier les meurtres, et il emporte ce qu'il a tué, jusqu'à ce que les approches du jour lui fassent craindre moins d'assurance pour sa retraite.

Georges LEROY.

(*Lettres sur les animaux.*)

Signes de pluie.

Voici quelques signes généraux qui annoncent la pluie : Quand les bêtes à cornes reniflent en l'air et se blottissent dans quelque coin du champ, ou qu'elles cherchent un abri sous les hangars ; — quand les moutons ne s'éloignent qu'avec résistance des pâturages ; — quand les chèvres cherchent à s'abriter ; — quand les ânes braient et secouent les oreilles ; — quand les chiens restent constamment près du foyer et ont une grande propension à dormir ; — quand les chats tournent le derrière au feu et se nettoient la face ; — quand les porcs se roulent dans la litière plus que d'ordinaire ; — quand le chant du coq se fait entendre à des heures inaccoutumées, et que ces animaux battent fortement des ailes ; — quand les canards et les oies sont plus bruyants que d'habitude ; — quand le coq d'Inde fait un vacarme à n'en pas finir ; — quand les moineaux se font vivement entendre et se réunissent sur le sol ou dans une haie en criant ; — quand les hirondelles volent très-bas et plongent la pointe des ailes dans l'eau, par la raison que les mouches dont elles se nourrissent se tiennent près de terre ; — quand la corneille noire croasse parce qu'elle est seule ; — quand les poules d'eau se plongent et se débarbouillent outre mesure ; — quand la taupe travaille beaucoup ; — quand les crapauds rampent en nombre très-grand ; — quand les grenouilles coassent ; — quand les chauves-souris poussent de grands cris et s'introduisent dans les maisons ; — quand les oiseaux chanteurs cherchent un abri ; — quand le rouge-gorge vient dans le voisinage des habitations ; — quand les cygnes domestiques se mettent à voler contre le vent ; — quand les abeilles quittent prudemment leur ruche et ne s'écartent pas bien loin ; — quand les fourmis sont extrêmement occupées de leurs œufs ; — quand les mouches piquent vivement et deviennent tumultueuses par bandes ; — quand les vers sortent de terre et rampent à sa surface ; — Quand les grandes espèces de limaces se montrent.   Henri STEPHENS.

(Application des sciences naturelles à l'agriculture.)

Pluie, neige, grêle, orages.

La pluie est l'arrosage naturel des végétaux qui couvrent la partie solide du globe ; elle est aussi la source de tous les arrosages artificiels, puisque sans elle il n'y aurait ni rivières, ni amas d'eau sur la terre, autres que les mers.

Les pluies agissent différemment, suivant les lieux et les saisons. Très-favorables à la végétation au printemps et en été, lorsqu'elles sont modérées, elles deviennent au contraire préjudiciables si elles se prolongent trop, et surtout si elles s'accompagnent d'une basse température. Elles ont alors pour effet de retarder la floraison, et par suite la fructification, et assez souvent de faire couler les fleurs en entraînant ou délayant leur pollen. Les plantes rustiques se font remarquer dans les années pluvieuses par un développement insolite du feuillage ; celles de pays chauds et secs jaunissent et cessent de croître, ce qui est principalement dû au refroidissement du sol. Les longues pluies, à la fin de l'été et au commencement de l'automne, outre qu'elles nuisent à la maturation des fruits, ne permettent aux arbres qu'un aoûtement incomplet qui les prédispose à geler en hiver

5

et diminue presque toujours leur fécondité l'année suivante.

Les orages sont de fortes pluies amenées par une violente perturbation de l'atmosphère, et accompagnée de tonnerre et d'éclairs. Ces grandes chutes d'eau, qui arrivent presque instantanément, et qui n'ont ordinairement qu'une courte durée, abattent les plantes faibles et tassent le sol ou le ravinent, s'il est en pente. Par compensation, elles sont plus riches en ammoniaque que les pluies ordinaires, et par là activent notablement la végétation.

Les accidents sont autrement graves, si les orages sont accompagnés de grêle. Ce météore est toujours désastreux pour tous les genres de culture ; heureusement il est assez rare. Les arbres dépouillés de leurs branches, les plantes herbacées mises en piè· ces, les récoltes de grains et de fruits saccagées, etc., sont les conséquences de la grêle, trop connues pour qu'il soit nécessaire de les rappeler.

La neige n'est que de la pluie congelée en cristaux d'une très-faible dimension, et ordinairement agrégés plusieurs ensemble. Lorsqu'elle tombe sur la fin de l'automne et en hiver, elle est toujours avantageuse ; outre la dose relativement considérable d'ammoniaque qu'elle apporte avec elle, elle forme sur la terre une couverture presque impénétrable au froid, et sous laquelle se conservent une multitude de plantes qui géleraient sans cet abri naturel. Cette protection par la neige n'est pas moins favorable à la conservation des racines et des souches enfouies en terre. Quelque violent et prolongé que soit le froid atmosphérique, la température de la couche superficielle de la terre, couverte d'une épaisse couche de neige, ne s'abaisse guère au-dessous de zéro, et c'est ce qui explique le fait, en apparence contradictoire, que certaines plantes des Alpes ou des climats arctiques ont peine à résister à nos hivers, ou même y périssent de froid. La raison en est que dans leur site natal, ces plantes sont abritées, dès la fin de l'automne, et sans interruption jusqu'au retour du printemps, par une neige abondante, qu'elles ne trouvent pas ou ne trouvent que rarement sous nos latitudes. Exposées sans défense à la rigueur de l'hiver, elles souffrent ou succombent.

Autant la neige est avantageuse à la culture lorsqu'elle tombe dans la saison convenable, autant elle peut être fâcheuse si elle arrive trop tôt ou trop tard. Une neige abondante qui surprend les arbres encore couverts de feuilles, comme en octobre, par exemple, les charge tellement que leurs plus grosses branches peuvent rompre sous le poids. On a vu des forêts entières dévastées par cette seule cause. Celle qui tombe lorsque le printemps est déjà avancé, et que les arbres sont en pleine végétation ou en fleurs, peut être fort nuisible, si elle fond sous un rayon de soleil. L'effet en serait pire encore, si, par suite d'un refroidissement de l'atmosphère et d'un temps serein, elle gelait sur les arbres. Hors de ces cas peu fréquents, les neiges tardives et peu abondantes des premiers jours du printemps sont sans conséquences fâcheuses.

Decaisne et Naudin.
(*Manuel de l'Amateur des Jardins.*)

Élagage des pommiers.

Plusieurs variétés de pommiers offrent, dès l'âge de vingt ans, des branches qui pendent vers le sol. Il en résulte, dans les terres labourées, que, les animaux de travail ne pouvant passer que difficilement au-dessous de leur tête, le sol qu'elles recouvrent est mal cultivé ; dans les herbages, ces branches sont facilement atteintes par les bestiaux, qui les brisent en les broutant. Il est donc utile de couper ces ramifications au point où elles commencent à s'incliner vers le sol ; cette suppression amènera, sur la partie conservée, le développement de bourgeons vigoureux, bourgeons qui donneront lieu à des ramifications bien plus productives que celles qui ont été supprimées. Il faut également faire porter l'élagage sur les ramifications intérieures de la tête, afin de maintenir une égale force dans les diverses parties de l'arbre, et surtout de faire que la lumière puisse arriver jusque dans l'intérieur de la tête, car c'est seulement sous son influence que les boutons à fleur peuvent se former. Sans cet élagage intérieur, pratiqué avec discernement, et au moyen d'instruments convenables, tels que l'ébranchoir à crochet, la production des fruits n'aurait lieu qu'à l'extrémité des branches.

Pour tailler les pommiers, on peut se servir du procédé suivant, que nous avons vu appliquer avec succès. Un ciseau ordinaire de menuisier est solidement fixé à un long manche en bois bien rigide ; en plaçant le ciseau à la naissance de la branche qui doit être supprimée, et frappant quelques coups de maillet à l'autre extrémité, on fait sauter facilement et proprement les branches dont on veut débarrasser la tête de l'arbre sans qu'il soit nécessaire de monter sur le pommier.

L'élagage doit être répété tous les trois ans.

Morière.
(Conférences agricoles.)

Des pommiers et du cidre.

Avant le quinzième siècle, l'hydromel était la boisson ordinaire des habitants de l'île de Jersey; le cidre n'était pas encore connu, et le vin, qui est consommé aujourd'hui par toutes les classes de la société, ne servait guère qu'aux communions de l'Église.

D'après Falle, l'historien de Jersey, le cidre fut d'abord connu en Afrique, puisqu'il en est fait mention dans les œuvres de Tertullien et de saint Augustin; de cette contrée, les Carthaginois, qui faisaient un grand commerce avec toutes les parties de l'Espagne, l'introduisirent dans la Biscaye; le pommier fut ensuite transplanté en Normandie, pays qui n'était pas plus favorable que la Biscaye à la culture de la vigne; et, de notre province, on a tiré plus tard les premiers sujets qui ont été plantés dans l'île de Jersey.

L'usage du cidre dans cette île remonte au moins au quinzième siècle, puisque, dans une pièce datée du 16 juin 1488, et relative aux dépenses faites à l'occasion du siége du château de Montorgueil, on trouve une somme payée pour douze pipes de cidre.

Le pommier a dû être cultivé à Jersey au commencement du quinzième siècle, ou tout au plus à la fin du quatorzième.

Sous le règne de le reine Marie, on faisait encore si peu de cidre dans l'île de Jersey, que les habitants furent obligés de s'adresser à elle pour obtenir la permission d'importer annuellement d'Angleterre, et sans droits de douane, cinq cents tonneaux de cidre pour leur provision, et en outre cent cinquante tonneaux pour la garnison.

On était loin alors d'obtenir cette mer de cidre dont parle Falle à propos d'un rapport de l'année 1734, sur les productions de l'île.

Toutes les personnes que nous avons eu l'occasion de consulter s'accordent à considérer les premières plantations de pommiers comme ayant été faites dans l'île de Jersey à l'imitation de ce qui existait en Normandie, et avec des sujets importés de cette province. Depuis lors plusieurs variétés excellentes ont été tirées d'Angleterre (du Devonshire et surtout du Herefordshire), ou bien encore obtenues de graines; mais, maintenant encore, on fait venir de France, et plus particulièrement du département de la Manche et de la Bretagne, des sujets de deux à trois ans que l'on paye 4 francs le cent.

Les cultivateurs jersiais pensent généralement que, pour avoir de beaux vergers, on doit se servir du *pepin* et abandonner le mode de propagation par bouturage, dont quelques personnes ont fait l'expérience à leurs dépens.

La culture des pommiers en Angleterre paraît postérieure d'au moins un siècle à l'époque où elle a été introduite à Jersey.

J. GIRARDIN et J. MORIÈRE.
(Excursion agricole à Jersey.)

Hannetons et vers blancs.

Le hanneton commun est un insecte, connu de tout le monde en France, mais comparativement rare dans le Midi. Il n'exerce d'ailleurs de véritables ravages que dans les pays de plaine dont le sol est profond et fertile, évitant également les pays très-boisés et ceux qui sont rocailleux et très-secs, ce qui tient à sa manière de vivre à l'état de larve. Cette larve qui, lorsqu'elle est adulte, est de la grosseur du petit doigt, blanche, molle et très-grasse, vit sous terre, où elle cherche à la fois l'humidité et une certaine chaleur, deux conditions qu'elle ne trouve effectivement que dans les localités à terres meubles et déboisées. Suivant les lieux on lui donne les noms de *ver blanc, man* ou *turc*.

Les hannetons, à l'état d'insecte parfait, se montrent communément du milieu d'avril à la fin de mai, plus tôt ou plus tard suivant les années. Lorsqu'ils sont très-nombreux, ainsi que cela arrive de loin en loin, ils causent de grands dommages aux vergers, et généralement à tous les arbres sur lesquels ils s'abattent par centaines pendant plusieurs jours, et sur lesquels il leur arrive de ne pas laisser une seule feuille. Toutefois, c'est à l'état de larve qu'ils exercent leurs plus grandes dévastations, en rongeant les parties souterraines des plantes, et ils s'attaquent à toutes celles que nous cultivons. Les blés, les luzernes, les prairies naturelles, les jeunes plantations d'arbres, les haies elles-mêmes, lorsqu'elles sont en sol sablonneux et léger, ont quelquefois énormément à souffrir de ces animaux. Leurs dégâts sont plus sensibles encore dans les jardins, ou du moins ils y sont plus facilement aperçus. Des planches entières de légumes, de fraisiers surtout, y sont détruites en quelques jours, si on ne se hâte d'y remédier. On reconnaît immédiatement, à la flétrissure des feuilles, les plantes herbacées qui sont attaquées par le ver blanc ; il faut les enlever avec la bêche et rompre la motte qui entoure leurs racines. Il n'est pas rare alors d'y trouver jusqu'à cinq ou six vers blancs à la fois. On les replante, après avoir tué les vers, si l'état de leurs racines laisse encore quelque espoir de reprise.

Il est plus difficile de se débarrasser du hanneton que des chenilles. Les larves, cachées sous terre, où elles vivent pendant deux années entières, échappent totalement à la vue, et ne trahissent leur existence que par des dommages auxquels il n'est déjà plus temps de remédier lorsqu'ils deviennent visibles. Quant à l'insecte parfait, s'il est facile de le faire tomber des arbres en les ébranlant le matin avant le lever du soleil, il n'en reste pas moins que le hannetonage pour être efficace, devrait être général dans le pays infesté. Or, il faudrait pour cela non-seulement que l'autorité intervînt, mais surtout que l'opération fût praticable, et elle ne l'est point. Les grands arbres, ceux par exemple de la lisière des bois qui servent de refuge aux hannetons ne peuvent être secoués par aucune force humaine ; quant aux arbres fruitiers, qui précisément à cette époque sont en fleurs ou déjà couverts de fruits noués, on ne pourrait ni les secouer ni surtout les gauler sans occasionner plus de dégâts que ne font les hannetons eux-mêmes. Malgré de grandes chasses aux hannetons qui ont été faites de temps à autre, soit par ordre de l'autorité, soit par le concours spontané des cultivateurs, le nombre de ces insectes n'a pas diminué. En un mot, c'est un mal qu'il faut endurer et auquel il est probable qu'on ne remédiera qu'en mettant à profit les agents naturels, les animaux insectivores surtout.

DECAISNE ET NAUDIN.
(*Manuel de l'Amateur des Jardins*.)

Valeur et fertilité des terres.

La nature des terres influe sur la rapidité de leur amélioration et sur la valeur qui en résulte ; les terres argileuses s'améliorent plus lentement et se détériorent plus difficilement ; les sables s'améliorent facilement et promptement, mais s'épuisent de même, d'où la valeur qu'ils acquièrent, par ce moyen, profite plus au fermier qu'au propriétaire, et ces terres, lorsqu'elles sont fertiles, se louent proportionnellement plus cher qu'elles ne se vendent ; enfin, les terres calcaires étant les plus difficiles à améliorer et les plus faciles à épuiser, restent toujours pour la valeur un peu au-dessous des terres sableuses.

La réussite et le produit du trèfle, du sainfoin ou de la luzerne sont les meilleurs moyens d'évaluer la fertilité des terres.

1° Quelquefois aucun de ces fourrages ne peut vivre sur les terres ; on dit alors qu'elles sont en *période forestière*, parce que ces sortes de terrains produisent plus en bois que par la culture ;

2° D'autres fois, l'un ou l'autre de ces fourrages y vit, surtout en le plaçant convenablement, mais n'y vient pas fauchable ; on dit alors des terres qu'elles sont en *période pacagère*, parce que, dans ce cas, on ne saurait les améliorer sans le pâturage ;

3° Quand les terres sont assez fertiles pour que les fourrages ci-dessus réussissent généralement et soient en partie fauchables, on dit qu'elles sont en *période fourragère*, car pour améliorer il faut, dans ce cas, augmenter autant que possible l'étendue cultivée en fourrages ;

4° Si la fertilité est suffisante pour que le succès soit complet et que l'on obtienne en moyenne de l'un ou l'autre des trois fourrages ci-dessus (selon la nature des terres) au moins 600 bottes à l'hectare, on dit que ces terres sont en *période céréale*, parce que pour recueillir les engrais il faut des pailles, qu'on obtient en étendant davantage la culture des blés ;

5° Enfin, si les fourrages et les pailles excèdent les besoins de l'exploitation, à cause de leur grand produit, sur une faible étendue, on en restreint la culture pour augmenter ses profits par des récoltes épuisantes, mais très-productives, comme le colza, la navette, le lin, etc., et on dit que ces terres sont en *période commerciale*.

ROYER.
(Catéchisme des cultivateurs.)

Machines à moissonner.

En Algérie, comme dans tous les pays où la main-d'œuvre est rare et chère, les machines à moissonner ont été accueillies favorablement. Nous lisons dans un rapport sur des essais de machines agricoles adressé à M. le ministre de la guerre par M. le comte de Beauregard, l'un des administrateurs de la Compagnie genevoise de Sétif, ce qui suit, relativement à un essai de la moissonneuse Bell.

« Pour expérimenter la moissonneuse, nous avions choisi à dessein un emplacement contenant tous les éléments d'une expérience complète, c'est-à-dire tantôt uni et tantôt couvert de mottes, tantôt horizontal et tantôt incliné ; des blés tantôt rares et courts, tantôt épais et élevés, tantôt droits et tantôt couchés. Nous sommes heureux d'avoir à annoncer que, dans toutes ces conditions diverses, l'expérience a été couronnée de succès, la machine a fonctionné régulièrement et le blé a été parfaitement coupé ; c'est surtout dans les parties où les céréales avaient une certaine hauteur que la machine n'a rien laissé à désirer. L'andain, déposé avec une parfaite régularité, permettait de réunir très-facilement les javelles au moyen d'une fourche, ce qui ne peut se faire par toute autre méthode. En résumé, nous avons pu constater que le travail fait par cette machine est très-supérieur à celui fait à la main.

« La machine fonctionne régulièrement avec deux chevaux ou mulets de force moyenne, deux hommes pour la conduire, et, au besoin, un seul lorsqu'il en a pris l'habitude, plus deux enfants pour réunir les javelles.

« Elle a moissonné, cette première année, trois hectares par jour ; elle devra en moissonner un peu plus lorsque les travailleurs en auront pris l'habitude. »

LE COMTE DE BEAUREGARD.

Machines à battre.

C'est vers 1786, qu'un Écossais, nommé Mickle, inventa la machine à battre. Jadis, en France, le battage se faisait par divers moyens. La gerbe était couchée sur l'aire de la grange, et des hommes, armés d'un fléau, la battaient en cadence pour détacher le grain ; on enlevait ensuite la paille, on séparait, au moyen d'un van, le grain de la balle ; puis on l'étendait sur de grandes tables, où on le triait à la main pour obtenir les différentes qualités et la semence. Cette méthode, longue et coûteuse, était en usage surtout dans le nord, où l'agriculteur, possédant de vastes abris, ne faisait battre le blé qu'au fur et à mesure des besoins. Dans le midi au contraire, où les abris manquaient, il fallait procéder au battage, immédiatement après la récolte, pour soustraire les gerbes aux intempéries. Le battage au fléau était fort lent et exigeait beaucoup de bras et de dépenses ; on l'avait remplacé par le piétinement des animaux : les chevaux de la Camargue, et même les bœufs, étaient lancés sur l'aire et, en tournant comme dans un manége, ils séparaient les grains de la paille. Les inconvénients de cette méthode étaient nombreux. Certains épis échappaient à la pression et restaient attachés à la paille ; d'autres étaient mélangés avec la poussière de l'aire et même avec la matière fécale des animaux qui les foulaient. On a essayé aussi des rouleaux en pierre ou en bois traînés par des chevaux. Mais tous ces systèmes, remplis d'inconvénients, tendent aujourd'hui de plus en plus à être remplacés par la machine à battre.

La machine à battre est essentiellement formée par un cylindre sur lequel sont des barres de fer ; ce cylindre tourne concentriquement à un autre cylindre fixe, qu'on appelle contre-batteur, et qui est garni de barres semblables à celles placées sur la périphérie du batteur. La gerbe pénètre en long ou en travers entre les deux cylindres, et il résulte des chocs répétés, qui font sortir le grain des épis. Reçu avec lapaille sur une table intérieure, le grain se sépare par son propre poids en glissant à travers des grilles de différents diamètres ; une ventilation perpétuelle, exercée par la rotation d'un mécanisme spécial, nettoie le grain, le divise en plusieurs catégories, le rend propre à faire les mailles et exempt de toute graine étrangère.

Perfectionnée aujourd'hui, cette machine ne présente plus ses primitifs inconvénients, elle n'écrase pas le grain et ne coupe pas la paille. Du reste, pour l'agriculteur qui, loin des grands centres industriels, n'emploie la paille que comme fourrage ou comme litière, la paille brisée est la meilleure ; au contraire destinée à l'industrie, qui la paye cher, la paille doit être intacte.

Est-il besoin d'insister sur les avantages matériels et moraux de cette machine ? C'est une grande fatigue de moins pour les ouvriers, qu'on peut occuper plus fructueusement. Le défaut de bras n'est plus une difficulté, on n'est plus à la disposition du batteur pour conduire son blé au marché ; deux ou trois hommes avec une locomobile battent des quantités considérables. Le fermier peut ainsi profiter des hausses, qui avaient disparu quand les batteurs au fléau avaient terminé leur travail, et, de plus, il réalise sur la main-d'œuvre du battage une économie de 40 pour cent. Ces bénéfices permettent [de donner de plus grands développements à la culture.

Aujourd'hui l'agriculture française emploie 200,000 machines à battre d'une force moyenne de deux chevaux; deux hommes employés à la machine, trois hommes pour le service, battent 60 hectolitres en dix heures de travail; un homme seul, dans le même temps, armé d'un fléau bat tout au plus 2 hectolitres et demi; une machine produit donc le travail de 24 hommes; comme elle en emploie 5, elle procure encore une économie nette de 19 hommes.

Ces 200,000 machines battent en moyenne 12 jours; les 19 hommes qu'elles économisent représentent 45,600,000 journées.

Cette économie de journées prive-t-elle la classe ouvrière de travail?

Voici une réponse concluante : les salaires vont toujours en augmentant. Plus on inventera de machines pour remplacer les bras, plus la richesse et l'aisance sociales augmenteront.

J. A. BARRAL,
(Leçons sur l'agriculture.)

Les Foins.

C'est vous qui conduisez d'ordinaire la faucheuse Wood; les derniers perfectionnements dont l'a dotée

M. Peltier en font aujourd'hui un instrument très-pratique, mais votre expérience a dû vous apprendre qu'elle ne fonctionne très-régulièrement qu'autant qu'on y attèle un cheval bien dressé et suffisamment fort pour conserver l'allure d'un pas très-lent pendant le travail. Vous aurez donc à vous occuper de former deux bons chevaux pour le service de la faucheuse, et que nous attèlerons au besoin ensemble quand nous mettrons bas nos herbes épaisses, car, vous le savez, dans ce dernier cas, l'effort d'un seul cheval est insuffisant.

La faneuse Roby, que j'ai apportée récemment d'Angleterre, où elle m'avait frappé par l'excellence de sa construction, est une machine qui ne laisse plus rien à désirer; le premier venu peut la conduire, et vous la livrerez désormais à un journalier quelconque, quand viendra le temps de la fenaison. J'estime que la faucheuse travaillant huit heures par jour, au prix de 1 fr. 50 l'heure, soit 12 francs par jour, fait le travail de huit faucheurs, qui coûteraient au moins 35 francs. Quant à la faneuse, il est généralement admis que son travail équivaut à celui de quinze femmes, qui, au prix ordinaire dans notre pays, de 1 fr. 50, reviendrait à 22 fr. 50; c'est donc une économie de 18 francs par jour, si l'on compte à 1 fr. l'heure le travail de la faneuse pendant huit heures.

Nous aurons l'an prochain une machine de plus à

notre service pour la récolte des foins : le râteau à cheval. Cet instrument est le complément de la faneuse, mais il n'est que d'un secours médiocre quand on l'emploie sans posséder celle-ci. Avec le râteau à cheval, le traitement du foin doit être quelque peu modifié ; c'est ainsi que la mise en veillottes disparaît forcément ; on se contente de mettre le foin en andains, d'ouvrir les andains et de les répartir avec la faneuse, pour les remettre plus tard encore une fois en andains avec l'aide du râteau, et recommencer, ainsi de suite, jusqu'à suffisante dessiccation. L'utilité du râteau à cheval et l'économie qu'il produit se font surtout sentir lorsque, au moment de monter les meules, on ramasse, sur un même point, de grandes quantités de foin. Deux ouvriers suffisent alors pour monter une meule, l'un en bas, l'autre au sommet. J'avais pensé introduire dans ma ferme un botteleur mécanique ; son prix n'était pas trop élevé ; mais il exigeait le travail de deux hommes qui, en dix heures, ne pouvaient botteler que 800 bottes de 5 à 6 kilogrammes l'une, c'est-à-dire juste autant qu'un botteleur exercé de notre pays. Nous continuerons donc à suivre, en ce qui touche le bottelage, les vieux errements.

L. HALPHEN.

(Instructions d'un propriétaire à son grand valet.)

Les débouchés agricoles.

C'est dans la théorie des débouchés agricoles qu'il faut chercher la ligne la plus profonde de démarcation entre l'agriculture du passé et celle de l'avenir. « Le passé, dit M. Lecouteux, c'est l'agriculture produisant tout sur place pour que chacun puisse se suffire à soi-même par la consommation de ses produits; c'est l'agriculture mise en état de blocus dans les pays dépourvus de chemins et amenée par la force des choses à pratiquer la devise de *chacun chez soi, chacun pour soi;* c'est le climat violenté, c'est la vigne prenant la place du blé dans les terres cultivées, et le seigle prenant la place de la vigne; c'est enfin le travail agricole mal appliqué, et, par conséquent, c'est l'industrie manufacturière se répandant sur le marché extérieur faute d'une consommation suffisante à l'intérieur. L'avenir, au contraire, c'est la révision de notre géographie agricole; c'est chaque culture remise à sa place; c'est dans toute la force du terme, l'utilisation de nos ressources climatériques; c'est la spécialisation, la division du travail agricole; c'est la production rurale basée sur l'échange des produits; c'est la petite culture et la grande culture prenant chacune ses proportions,

son terrain, ses débouchés ; celle-ci s'attachant surtout aux denrées alimentaires de première nécessité,
les grains et les bestiaux ; celle-là prodiguant sa
main-d'œuvre aux plantes industrielles, arbus ives
et légumières ; c'est par conséquent la population
rurale croissant en nombre et en richesse par un
meilleur emploi de ses forces productives et par une
plus large consommation des produits agricoles et
industriels. »

Par les débouchés, l'agriculture obtient un placement étendu de ses produits, et une régularité dans
les prix de vente qui vaut mieux pour elle que le va
et vient des hauts et des bas prix, des prix de disette
et des prix avilis par l'abondance. Cette régularité
dans les prix, ou du moins ce cours mieux soutenu,
donne à ses calculs plus de précision. Elle s'accorde
avec l'intérêt des consommateurs. Si l'agriculteur
devait compter sur les prix de famine pour pros-
pérer, la société offrirait les hideuses images d'une
hostilité radicale et constitutive entre les acheteurs
et les vendeurs.

Les débouchés permettent aussi la conciliation de
l'intérêt des villes et des campagnes, de l'industrie
manufacturière et de l'industrie rurale auxquelles
ils servent de trait d'union.

Quelle condition peut permettre au capital agricole de s'appliquer aux exploitations dans les proportions coûteuses et fécondes indiquées générale-

ment aujourd'hui comme la voie de salut de l'agriculture ? Le débouché.

Étendez-le, l'agriculture accroît ses ressources ; resserrez-le, elle s'appauvrit. C'est par le débouché qu'elle reçoit ce dont elle a besoin comme outils et métiers, et qu'elle expédie tout ce qu'elle a produit au prix d'avances multipliées.

C'est à cause du débouché que le voisinage des grands centres riches et populeux est si favorable à l'agriculture. Or, les voies de communication équivalent à un rapprochement. De là, l'immense intérêt qu'a l'agriculture aux canaux, voies ferrées, chemins de vicinalité, transports maritimes.

L'extension du débouché a pour condition la liberté du commerce des denrées agricoles au dedans et au dehors.　　　　H. BAUDRILLART.

(Éléments d'économie rurale, industrielle et commerciale.)

L'État et l'Agriculture.

Un même département ministériel réunit l'agriculture, le commerce et les travaux publics ; mais l'agriculture y a une direction propre.

Cette direction comprend trois bureaux :

1er *Bureau.— Enseignement agricole et vétérinaire.*

Voici quelles sont les attributions de ce bureau :

Inspection de l'agriculture. — Écoles impériales d'agriculture. — Fermes écoles. — Vacheries, bergeries impériales. — Colonies et asiles agricoles. — Écoles impériales vétérinaires. — Examen des travaux et règlements des dépenses de ces établissements. — Exercice de la médecine vétérinaire. — Épizooties. — Règlement des frais de traitement des épizooties. — Commission du Herd-Book. (Le Herd-Book est le registre matricule pour l'inscription des animaux de race pure de l'espèce bovine.)

2e *Bureau. — Encouragements à l'agriculture et secours.*

Conseil général d'agriculture. — Chambres consultatives d'agriculture. — Préparation des lois et règlements relatifs à l'agriculture. — Associations agricoles. — Missions agronomiques. — Concours d'animaux de boucherie, d'animaux reproducteurs, de produits agricoles, etc. — Encouragements à l'agriculture. — Perfectionnement de l'industrie rurale. — Desséchements et assainissements. — Drainage. — Irrigations. — Police rurale. — Usages locaux. — Mise en culture des landes. — Reboisement. — Centralisation et publication des renseignements concernant l'agriculture. — Souscription aux recueils agricoles et ouvrages agronomiques. — Industrie séricicole. — Secours pour pertes résultant d'épizooties, grêle, inondations, incendies, etc.

3e Bureau. — Subsistances.

Législation relative aux subsistances. — État des prix régulateurs de l'importation et de l'exportation des grains. — Mercuriales générales de la France et de l'étranger. — Libre circulation des grains. — Établissement des foires et des marchés aux bestiaux.— Recours en matière de règlements sur la boulangerie, la boucherie, les abattoirs, et sur la vente des comestibles dans les foires et marchés.

Il existe, sous la présidence du ministre, un conseil supérieur du commerce, de l'agriculture et de l'industrie, et un conseil général d'agriculture.

Le conseil général se compose du ministre, président; d'un conseiller d'État, vice-président; de membres nommés dans le sein des chambres consultatives, à raison d'un membre par département, et de membres nommés en dehors des chambres consultatives, au nombre de dix, et choisis parmi les grands propriétaires agriculteurs et les inspecteurs généraux d'agriculture.

L'inspection générale de l'agriculture compte trois inspecteurs généraux de 1re classe, trois inspecteurs généraux de 2e classe, et cinq inspecteurs généraux adjoints.

Les écoles impériales d'agriculture sont :

1° *L'École d'agriculture de Grignon* (Seine-et-Oise), dirigée par M. Bella.

On y enseigne :

Physique, météorologie et géologie appliquées ;
Chimie appliquée à l'agriculture ;
Génie rural ;
Agriculture ;
Zootechnie ou économie du bétail et zoologie ;
Sylviculture et botanique ;
Économie et législation rurales.

2° *L'École d'agriculture de Grand-Jouan* (Loire-Inférieure), dirigée par M. Rieffel.

Le programme de l'enseignement, le même qu'à Grignon.

3° *L'École impériale d'agriculture de la Saulsaie* (Ain), dirigée par M. Lœillet.

(Même programme que les précédentes.)

4° *L'Ecole pratique d'irrigation et de drainage du Lézardeau* (Finistère).

Les fermes écoles subventionnées par l'État devraient être en nombre égal à celui des départements, à raison d'une ferme école par département; mais la Seine, la Seine-Inférieure, l'Aveyron, le Calvados, etc., en tout 41 départements, n'en possèdent pas encore.

L'État a fondé jusqu'à présent dix chaires d'agriculture, réparties comme suit :

A Rodez, Besançon, Quimper, Toulouse, Bordeaux, Nantes, Beauvais, Rouen, Caen et Amiens.

G

Il y a deux bergeries et deux vacheries impériales :

La bergerie du Haut-Tingry (Pas-de-Calais) et celle des Chambois (Haute-Saône) ;

La vacherie de Corbon (Calvados) et celle de Saint-Angeau (Cantal).

Le nombre des écoles impériales vétérinaires est de trois :

Ce sont celles d'Alfort, près Paris, de Lyon et de Toulouse. Elles ont un inspecteur général spécial, et chacune d'elles a un directeur-professeur.

L'admission dans les écoles vétérinaires a lieu par voie de concours. Pour être admis au concours, il faut avoir plus de 17 ans et moins de 25 ans. Les élèves payent une pension de 450 fr. La durée des études est de 4 ans. Le gouvernement fait les frais de 246 demi-bourses, dont 2 par département, à la nomination du ministre sur la présentation du préfet, et 68 au choix direct du ministre. Ces demi-bourses ne peuvent être acquises qu'au concours, après six mois d'études au moins ; l'élève titulaire d'une demi-bourse peut en obtenir une seconde, mais toujours après un nouveau semestre et au concours.

Les élèves qui, après quatre années d'études, sont reconnus en état d'exercer l'art vétérinaire, reçoivent un diplôme de vétérinaire, dont la rétribution est fixée à 100 fr.

Les écoles vétérinaires ont des hôpitaux où sont reçus et traités tous les animaux malades, moyennant la pension alimentaire, dont le prix est fixé chaque année.

Maladie des animaux domestiques.

Les animaux domestiques sont sujets à beaucoup de maladies, presque toujours difficiles à guérir quand elles ne sont pas incurables. Ces maladies proviennent principalement : 1° de l'insuffisance de la nourriture; 2° de la mauvaise qualité des fourrages et de l'eau ; 3° des écuries ou étables humides ou trop étroites; 4° du défaut de soins convenables ; 5° d'un travail excessif; 6° des mauvais traitements. Voilà les *charmes* et les *sortiléges* qu'il faut éloigner. Le cultivateur qui néglige ses animaux prouve qu'il comprend mal ses intérêts et son devoir ; celui qui les maltraite inutilement se rend coupable d'actes de barbarie dignes du mépris public, punis par la loi et défendus par la religion.

Quand, malgré toutes les précautions ou faute de les avoir prises, un animal d'une certaine valeur tombe malade, il faut avoir recours à un vétérinaire, et bien se garder de remettre son sort entre les mains

d'un *empirique*. Les empiriques sont ces faux guéris-
seurs, sans connaissance spéciale, qui emploient ordinairement le même remède contre toutes les maladies, ou prétendent les guérir par des paroles ou
autres moyens ridicules.

Il est des maladies qui offrent si peu de gravité, ou
sont si faciles à guérir, que le remède peut être appliqué par l'agriculteur lui-même; d'autres, comme
la météorisation, ne souffrent aucun retard dans
l'emploi de moyens énergiques, et chacun doit savoir les employer avec succès. Ainsi, lorsqu'on s'a-
perçoit qu'une bête enfle, on lui fait avaler 30 grammes de salpêtre en poudre, ou 15 grammes de
pétrole, délayés dans un verre ordinaire d'eau-de-
vie, ou bien une cuillerée d'eau de javelle ou d'ammoniaque dans un litre d'eau. Si l'enflure continue
malgré ces remèdes, il faut recourir à la ponction de
la panse, opération qui consiste à enfoncer un couteau, ou mieux un *trocart* dans le creux qui se trouve
entre la hanche et les côtes du côté gauche.

Les gaz accumulés dans la panse de l'animal s'en
échappent par cette ouverture, et le mal se trouve
réduit à une plaie qui guérit assez facilement.

Il y a plusieurs autres moyens de combattre l'enflure, et dont le plus efficace paraît être l'emploi de
la sonde flexible. C'est un tube de fil de laiton roulé
comme les élastiques de bretelles, recouvert de cuir,
de 2 centimètres de diamètre sur 1^m,50 de long. Il est

terminé à un bout par un gland de corne creux et percé de trous.

Par le bout terminé en gland, on introduit cette sonde dans le gosier de l'animal météorisé, et on la fait descendre jusque dans l'estomac. Les vapeurs et les gaz s'échappent par le tuyau de la sonde ; on tient la bouche de l'animal ouverte au moyen d'une planchette ayant un trou dans le milieu pour y passer la sonde.

Michel GREFF.
(Catéchisme agricole.)

L'Enseignement agricole.

De la grande enquête agricole de 1866 se sont dégagées deux idées fondamentales. Les populations ontsurtout demandé des chemins vicinaux et un enseignement agricole dans les écoles rurales.

Une loi du 12 juillet 1868, avec sa riche dotation, a donné satisfaction au premier de ces vœux ; l'Université essaye de répondre au second.

La loi du 21 juin 1865 ayant rangé parmi les matières *obligatoires*, pour les écoles d'enseignement spécial, les notions d'agriculture et d'horticulture qui, jusque-là, n'étaient classées que dans la partie facultative du programme, on s'est autorisé de cette loi pour réorganiser les études dans les écoles normales. Le décret du 2 juillet 1866 y a rendu l'enseignement agricole obligatoire, et à cette heure 44 de ces écoles sur 77 possèdent ensemble 88 hectares en pleine culture. Il faut espérer que les établissements qui en sont encore dépourvus ne tarderont pas à être dotés de cette annexe indispensable.

Un terrain de culture, en effet, ne sert pas seulement aux élèves-maîtres de champ d'expériences, il est encore pour les instituteurs établis dans les villages, comme une pépinière d'où ils tirent des greffes, des boutures, des plants d'espèces nouvelles ou plus productives. Beaucoup d'entre eux viennent aussi, durant leurs congés, chercher dans l'école-mère des exemples et des conseils.

Plus de la moitié de nos écoles normales sont dès à présent en mesure de donner aux communes rurales un nombre chaque année plus grand de maîtres pourvus des connaissances les plus élémentaires, mais aussi les plus indispensables pour la culture maraîchère, fruitière ou agricole. Six mille écoles rurales ont déjà un sérieux enseignement d'horticulture, dont les résultats sont attestés par les primes nombreuses que les instituteurs obtiennent chaque année dans les concours des comices agricoles.

L'enseignement agricole fait aujourd'hui partie essentielle de l'enseignement secondaire établi dans 77 lycées et 247 colléges.

Il y est donné surtout dans les maisons placées au centre d'une région agricole : *d'une manière théorique,* par les différents cours d'histoire naturelle, d'économie rurale, de comptabilité agricole, et par l'étude des applications de la chimie, de la physique et de la mécanique à l'agriculture : *d'une manière pratique,* par des exercices au jardin du lycée, quand le lycée possède un jardin, à celui de l'école normale, lorsqu'il s'en trouve une aux environs, et par des visites aux meilleures exploitations du voisinage.

Une ferme-école a été annexée au lycée de Napoléonville, et le collége de Rouffach, où l'enseignement sera dirigé tout entier en vue de l'agriculture, possède de vastes terrains pour les exercices pratiques.

A Cluny, le jardin qui couvre six hectares est une véritable école de botanique et d'horticulture, sous la direction d'un professeur d'histoire naturelle, d'un chef des travaux de botanique et d'un habile jardinier.

Enfin, il a été institué dans plusieurs départements des professeurs d'agriculture qui, en outre des cours faits à l'école normale, au lycée ou au collége, doivent aller dans les cantons tenir, pour les instituteurs, les fermiers et les propriétaires, des conférences sur les meilleurs procédés de culture et les questions d'économie politique, appliquée aux intérêts ruraux, qu'il importe tant de répandre au plus vite dans nos campagnes.

V. Duruy.

(Rapport du Ministre de l'Instruction publique à l'Empereur.)

TABLE

Beaugency. — Imp. F. Renou.

www.ingramcontent.com/pod-product-compliance
Lightning Source LLC
LaVergne TN
LVHW021452170726
843501LV00005B/1625